农民教育培训系列教材

高素质农民培训读本

◎ 王天民　唐 勇　洪大航　主编

中国农业科学技术出版社

图书在版编目（CIP）数据

高素质农民培训读本／王天民，唐勇，洪大航主编．—北京：中国农业科学技术出版社，2020.2（2024.4重印）

ISBN 978-7-5116-4616-3

Ⅰ.①高… Ⅱ.①王… ②唐… ③洪… Ⅲ.①农民-素质教育-中国 Ⅳ.①D422.6

中国版本图书馆 CIP 数据核字（2020）第 025140 号

责任编辑	白姗姗
责任校对	贾海霞

出 版 者	中国农业科学技术出版社
	北京市中关村南大街 12 号　邮编：100081
电　　话	（010）82106638（编辑室）　（010）82109702（发行部）
	（010）82109709（读者服务部）
传　　真	（010）82106650
网　　址	http://www.castp.cn
经 销 者	各地新华书店
印 刷 者	北京捷迅佳彩印刷有限公司
开　　本	850 mm×1 168 mm　1/32
印　　张	6.125
字　　数	165 千字
版　　次	2020 年 2 月第 1 版　2024 年 4 月第 3 次印刷
定　　价	35.80 元

《高素质农民培训读本》
编委会

前 言

党的十九大提出了"产业兴旺、生态宜居、乡风文明、治理有效、生活富裕"的乡村振兴战略总要求。振兴使命需要有知识、有能力、有理想的新农人来担当。没有一支高素质农民队伍来发挥引领、支撑、服务作用，各项工作就难以在农村真正落实落地。因此，坚定不移培养一支"有文化、懂技术、善经营、会管理"的高素质农民队伍是实施乡村振兴战略的必然要求。

本书是为适应高素质农民培训而编写。首先，从乡村振兴需要高素质农民出发，对乡村振兴战略、高素质农民现状、高素质农民的特征等进行了介绍；接着从道德素养、信息素养、科学文化素养、农业职业技能、创办新型农业经营主体、农业经营管理、农产品电子商务和品牌建设等方面介绍了与高素质农民密切相关的基本素质和主要能力；最后引用了 10 个典型的高素质农民成长案例。

本书内容深入浅出、语言通俗易懂、案例典型真实，对高素质农民的培训具有很强的针对性和实用性。

由于编者水平有限，时间仓促，书中难免存在不足之处，欢迎广大读者批评指正！

编 者
2019 年 11 月

目　录

第一章　乡村振兴需要高素质农民 ·················· （1）

　第一节　乡村振兴战略 ·························· （1）

　第二节　高素质农民现状 ························ （5）

　第三节　高素质农民的特征 ···················· （9）

第二章　道德素养 ································ （12）

　第一节　社会公德 ···························· （12）

　第二节　职业道德 ···························· （15）

　第三节　家庭美德 ···························· （20）

　第四节　个人品德 ···························· （23）

第三章　信息素养 ································ （25）

　第一节　信息素养的内涵 ······················ （25）

　第二节　收集农业信息 ························ （28）

　第三节　正确运用市场信息 ···················· （32）

　第四节　发布农业生产经营信息 ················ （35）

第四章　科学文化素养 ···························· （39）

　第一节　科学文化素养的内涵 ·················· （39）

　第二节　农民科学文化素养现状 ················ （41）

　第三节　科学文化素养要求及提升 ·············· （42）

　第四节　土地流转知识 ························ （44）

第五章　农业职业技能 ···························· （51）

　第一节　职业技能的内涵 ······················ （51）

　第二节　农业种植技术 ························ （54）

　第三节　农业养殖技术 ························ （67）

第六章　创办新型农业经营主体 …………………………（74）
　第一节　熟悉强农惠农政策 …………………………（74）
　第二节　专业大户 …………………………………（84）
　第三节　家庭农场 …………………………………（87）
　第四节　农民合作社 ………………………………（93）
　第五节　农业产业化龙头企业 …………………（97）

第七章　农业经营管理 …………………………………（106）
　第一节　经营管理概述 …………………………（106）
　第二节　农业生产管理 …………………………（109）
　第三节　农业产业化经营 ………………………（117）
　第四节　农产品市场营销 ………………………（122）

第八章　农产品电子商务和品牌建设 …………………（130）
　第一节　农产品电子商务概述 …………………（130）
　第二节　创办农产品电子商务 …………………（136）
　第三节　农产品包装设计 ………………………（143）
　第四节　农产品品牌建设 ………………………（148）

第九章　高素质农民成长案例 …………………………（152）
　第一节　金山草莓哥——夏剑锋 ………………（152）
　第二节　庄稼地里的"技术宅"——赵海 ……（156）
　第三节　让绿色发展之路越走越宽——刘含花 …（159）
　第四节　从农业能人到高素质农民——杜旭 …（164）
　第五节　在乡村振兴道路上显身手——张云芳 …（167）
　第六节　植保达人——七个80后的"牛"农民 …（169）
　第七节　从老师到工人再到高素质农民——郑洪广 …（173）
　第八节　立志改变家乡面貌的带头人——张新生 …（178）
　第九节　80后庄稼汉种好"未来田"——孙建龙 …（180）
　第十节　在创业致富的道路上奋进——刘建晋 …（183）

主要参考文献 …………………………………………（188）

第一章 乡村振兴需要高素质农民

第一节 乡村振兴战略

一、乡村振兴战略的提出

乡村振兴战略是习近平同志 2017 年 10 月 18 日在党的十九大报告中提出的战略。党的十九大报告指出，农业农村农民问题是关系国计民生的根本性问题，必须始终把解决好"三农"问题作为全党工作的重中之重，实施乡村振兴战略。2018 年 2 月 4 日，中共中央、国务院发布了 2018 年中央一号文件，即《中共中央 国务院关于实施乡村振兴战略的意见》。2018 年 3 月 5 日，国务院总理李克强在《政府工作报告》中讲道，大力实施乡村振兴战略。2018 年 5 月 31 日，中共中央政治局召开会议，审议《国家乡村振兴战略规划（2018—2022 年）》。2018 年 9 月，中共中央、国务院印发了《乡村振兴战略规划（2018—2022 年）》，并发出通知，要求各地区各部门结合实际认真贯彻落实。

以习近平同志为核心的党中央提出"实施乡村振兴战略"这一部署，有其深刻的历史背景和现实依据。党的十八大以来，以习近平同志为核心的党中央坚持把解决好"三农"问题作为全党工作重中之重，出台了一系列强农、惠农、富农政策，推动农业农村发展取得了历史性成就、发生了历史性变革，农民生活水平有了很大提高。但是同时也要看到，当前我国农业竞争力依然不强，农民收入水平依然较低，农村依然普遍落后，最大的不平衡是城乡发展不平衡，最大的发展不充分是农村发展不充分。农村依然是实现全面小康社会最大的短板，农业是实现"四化同步"发展最大的短腿。

中央在这个时候提出实施乡村振兴战略，实际上是在提醒我们：由于中国的特殊国情以及未来二三十年发展中的阶段性特征，我们在现代化进程中不能忽视农业、不能忘记农民、不能淡泊农村，必须下大力气提高"三农"发展水平。

二、实施乡村振兴战略的目标

党的十九大报告中强调要"实施乡村振兴战略"，并分别设定了到2020年、2022年、2035年、2050年的目标任务。

到2020年，乡村振兴的制度框架和政策体系基本形成，各地区各部门乡村振兴的思路举措得以确立，全面建成小康社会的目标如期实现。

到2022年，乡村振兴的制度框架和政策体系初步健全。国家粮食安全保障水平进一步提高，现代农业体系初步构建，农业绿色发展全面推进；农村一二三产业融合发展格局初步形成，乡村产业加快发展，农民收入水平进一步提高，脱贫攻坚成果得到进一步巩固；农村基础设施条件持续改善，城乡统一的社会保障制度体系基本建立；农村人居环境显著改善，生态宜居的美丽乡村建设扎实推进；城乡融合发展体制机制初步建立。农村基本公共服务水平进一步提升；乡村优秀传统文化得以传承和发展，农民精神文化生活需求基本得到满足；以党组织为核心的农村基层组织建设明显加强，乡村治理能力进一步提升。现代乡村治理体系初步构建。探索形成一批各具特色的乡村振兴模式和经验，乡村振兴取得阶段性成果。

到 2035 年，乡村振兴取得决定性进展，农业农村现代化基本实现。农业结构得到根本性改善，农民就业质量显著提高，相对贫困进一步缓解，共同富裕迈出坚实步伐；城乡基本公共服务均等化基本实现，城乡融合发展体制机制更加完善；乡风文明达到新高度，乡村治理体系更加完善；农村生态环境根本好转，生态宜居的美丽乡村基本实现。

到 2050 年，乡村全面振兴，农业强、农村美、农民富全面实现。

三、实施乡村振兴战略的总体要求

"产业兴旺、生态宜居、乡风文明、治理有效、生活富裕"是实施乡村振兴战略的总体要求。

1. 产业兴旺

"产业兴旺"是实施乡村振兴战略的核心，是乡村振兴的基础，也是推进经济建设的首要任务。产业兴才能乡村兴，经济强才能人气旺。必须坚持质量兴农、绿色兴农，以农业供给侧结构性改革为主线，加快构建现代农业产业体系、生产体系、经营体系，提高农业创新力、竞争力和全要素生产率，加快实现由农业大国向农业强国转变。从目前来看就是要以推进农业供给侧结构性改革，培训农村发展新动能为主线，加快推进农业产业升级，提高农业的综合效益和竞争力。

2. 生态宜居

"生态宜居"是生态文明建设的重要任务。良好生态环境是农村最大优势和宝贵财富。必须尊重自然、顺应自然、保护自然，推动乡村自然资本加快增值，实现百姓富、生态美的统一。实现生态宜居理念上要实现三大转变，第一个就是要转变发展观念，把农村生态文明建设摆在更加突出的位置。第二个要转变发展方式，要构建五谷丰登、六畜兴旺的绿色生态系统。第三个就是要转变发展模式，发展模式转变要健全以绿色生态为保障的农业政策。

3. 乡风文明

"乡风文明"是加强文化建设的重要举措，在整个乡村振兴过程中，要特别注意避免过去的只抓经济、不抓文化的问题。换句话说，既要护口袋，还要护脑袋。实现乡风文明主要抓好以下几件事：第一，要加强农村的思想道德建设，立足传承中华优秀传统文化，增强发展软实力，更重要的是发掘继承、创新发展优秀乡土文化，这不仅是概念，还是产品产业。第二，要充分挖掘具有农耕特质、民族特色、区域特点这样的物质文化和非物质文化遗产。第三，要推行诚信社会建设，要强化责任意识、规则意识、风险意识。第四，要加强农村移风易俗工作，如文明乡风、良好家风、纯朴良风。第五，要搞好农村公共服务体系，包括基础设施和公共服务。

4. 治理有效

"治理有效"是加强农村政治建设的重要保障。当前农村人口老龄化、村庄空心化、家庭离散化问题凸显，把夯实基层基础作为固本之策，才能确保乡村社会充满活力。要把乡村社体系建设问题，作为乡村建设的"牛鼻子"，建立和完善以党的基层组织为核心，以村民自治和村务监督组织为基础，以集体经济组织和农民合作组织为纽带，以各种社会服务组织为补充的农村治理体系。加强农村基层工作、农村基础工作"双基"工作。

5. 生活富裕

"生活富裕"是建立美丽社会和谐社会的根本要求。乡村振兴的出发点和落脚点，是让亿万农民生活得更美好。要让农民平等参与现代化进程，共同分享现代化成果。一是要拓宽农民的收入渠道，促进农民致富增收；二是要加强农村基础设施建设，基层公共服务水平；三是要开展村庄的人居环境整治，推进美丽宜居乡村建设。

第二节　高素质农民现状

一、高素质农民的发展现状

农村人才是强农、兴农的根本。在第二届全国农民教育培训发展论坛上发布的《2019 年全国高素质农民发展报告》（以下简称《报告》）和《2019 年全国高素质农民发展指数》（以下简称《发展指数》）显示，全国高素质农民发展情况如下。

1. 受教育程度相对较高，年龄相对年轻

受教育程度相对较高，年龄相对年轻，是高素质农民队伍的典型特征。《报告》表明，我国高素质农民队伍质量结构不断优化。从受教育程度看，2018 年高素质农民队伍中高中及以上文化程度的占 31.1%，比第三次全国农业普查农业生产经营人员高出 22.8%；从年龄结构看，35 岁及以下的占 16.8%，35 ~ 54 岁的占 72.11%。

《发展指数》显示，我国高素质农民发展整体状况良好，队伍质量逐步提升，90.79% 的高素质农民从事农业生产经营的年数在 5 年以上，91.13% 的接受了农业生产经营相关培训，17.80% 的正在接受从中职到本科及以上的学历教育。

2. 投身"互联网+"手机变身"新农具"

随着信息技术应用的逐步扩大，越来越多的新农民开始投身"互联网+"。《发展指数》显示，85.80% 的高素质农民家中接通了互联网，77.29% 的通过手机或电脑进行农业生产经营活动。《报告》指出，2018 年 84.37% 的高素质农民对周边农户起到了辐射带动作用，比 2017 年提高了 9.49%。他们通过互联网等多种形式给周边农户提供农业技术指导、统一购买农资和销售农产品、提供农业信息及就业服务等，在促进小农户与现代农业有机衔接，带动广大农民共同进步中发挥了积极作用。

《发展指数》表明，高素质农民生产经营水平逐步提高，62.03%的高素质农民为规模农业经营户，其中36.14%的土地经营规模在100亩（1亩≈667平方米，1公顷=15亩。全书同）以上，57.59%的实现了耕种收综合机械化生产；绿色生产技术逐步推广，24.76%的高素质农民采用了喷灌或滴灌等节水技术，39.56%的减量使用化肥或农药，85%的实现了畜禽粪便、秸秆和农膜资源化利用。《报告》显示，高素质农民生产经营状况保持良好。2018年高素质农民的农业经营纯收入达到每年3.13万元，相当于同期城镇居民人均可支配收入的3.93万元的80%，是农村居民人均可支配收入1.46万元的2.16倍。

3. 发展不均衡，地区差距仍然存在

高素质农民发展存在地区差距，东部地区高素质农民发展程度较高，其次是中部地区，东北部和西部地区高素质农民发展水平相对较低。分析地区间指标差异可知，东部地区因队伍发展和产业水平优势而领先，东北地区队伍发展、产业发展和示范带动不够有力，西部地区产业发展相对薄弱。此外，高素质农民发展省际之间不平衡，其中发展指数排名前五的省（市）依次为江苏省、安徽省、浙江省、山东省和上海市。

高素质农民发展依然存在薄弱环节，需要政府部门和社会各界给予更多的关注和支持。如高素质农民中仅有15.38%的人获得了农民技术员职称，12.38%的获得国家职业资格证书，13.71%的贷款需求得到有效满足，7.6%的农民享受城镇职工医疗保险，10.39%的享受到城镇职工基本养老保险。

因此，应进一步加大农民教育培训力度，促进高素质农民队伍建设，不断优化队伍结构；充分调动生产积极性，增强发展内生动力；不断加强产业、金融、保险等政策支持，缩小省际和地区间发展差异；积极推进城乡基本公共服务均等化，解除高素质农民发展后顾之忧。

二、高素质农民的培育现状

1. 农民教育培训向提质增效发力

高素质农民队伍建设已经被摆上了乡村振兴的重要议程，农民教育培训必须全面提质增效。从 2019 年起，农业农村部实施高素质农民培育 3 年提质增效行动，推动工作导向从注重数量向数量质量并重转变，工作重心从以培训者为中心转向关注被培训者的有效需求，农民教育培训进入一个全新的历史时期。

3 年提质增效行动旨在推动职业农民培育转型升级，提升质量效能，凝聚多部门合力，发挥多渠道资源作用，聚焦四项重点任务：一是深入实施培育工程，逐步实现所有农业县市区全覆盖。二是推动制度建设，留住、吸引、储备更多高素质劳动者投身农业。三是强化培育体系，统筹农广校、农业院校等资源，健全完善"专门机构+多方资源+市场主体"培育体系。四是搭建发展平台，为职业农民成长发展提供更好的支持服务。

农民教育培训提质增效行动要围绕培育全过程。在育前，根据对象需求确定培训目标、要求和标准；在育中，严格按照培养标准分层分类落实教学要求，并探索创新人才培养模式，选好教师、用好基地、配好教材；在育中育后，要做好跟踪评价反馈和指导服务。

2. 百万高素质农民学历提升

2019 年，农业农村部办公厅、教育部办公厅要求各地农业农村及教育部门深入实施乡村振兴战略，落实《国家职业教育改革实施方案》和《高职扩招专项工作实施方案》，培养乡村振兴带头人，启动实施"百万高素质农民学历提升行动计划"。

百万高素质农民学历提升行动计划的总体目标是全面完成

2019 年高职扩招培养高素质农民任务，经过 5 年努力，培养 100 万名接受学历职业教育、具备市场开拓意识、能推动农业农村发展、带领农民增收致富的高素质农民，形成一支"永久牌"乡村振兴带头人队伍。打造 100 所乡村振兴人才培养优质校，显著提升涉农职业院校培养高素质农业农村人才的质量水平。基本形成遵循乡村振兴带头人成才规律和学习特点的涉农职业教育选才、育才、用才政策机制，为乡村振兴战略提供人才支撑。

重点培养现职农村"两委"班子成员、新型农业经营主体、乡村社会服务组织带头人、农业技术人员、乡村致富带头人、退役军人、返乡农民工等。优先招录具有培训证书、职业技能等级证书、职业资格证书、农民职称的农民和农业广播电视学校学员在内的中职毕业生。在培养方式上，按照"标准不降、模式多元、学制灵活"的原则，采取全日制学习形式，施行弹性学制和灵活多元教学模式。各培养院校要针对高素质农民（村干部）学习需要，合理设置课程体系，确保总学时数不低于 2 600 学时，集中学习每学年不低于 360 学时，实践实习每学年不低于 400 学时，理论和实践教学比例不低于 1：1。学习期满达到毕业要求的，颁发相应高等教育专科学历证书。

在培养院校的选择上，充分调动和发挥适应农业高质量发展和乡村人才需求的优质涉农职业院校积极性与资源优势。加强高水平"双师型"教师队伍建设，打造适应农业产业需求的产教融合实训基地。严把教学标准和毕业学生质量标准关口，培养爱农业、懂技术、善经营的高素质农民。支持地方建设一批高水平的农业类高职院校和涉农高职专业。

在保障措施方面，各地要落实高职扩招相关经费、生均拨款制度。加强培养院校条件建设投入，落实就业创业扶持激励政策措施，引导社会资源共同参与。

3. 建立田间学校

截至 2019 年 10 月，农业广播电视学校系统依托农民专业合作社、家庭农场主、农业企业等，已在全国建立起 2.4 万个田间学校，在培养高素质农民，尤其是提高他们的实践操作能力、示范引领作用等方面发挥了积极的作用。

这些田间学校，都是依托高素质农民创办的合作社、家庭农场建立的，着力解决农民生产中遇到的实际问题，把理论知识转化为可传授的教学实践，使农民能听得懂、学得会、用得上，把课堂知识运用到生产之中，变为实实在在的生产力。

第三节　高素质农民的特征

高素质农民是一种人才，在现代农业发展中发挥着示范引领的作用。成为一个高素质的农民，首先要把握高素质农民的特征。

一、有道德懂法律

在道德方面，高素质农民符合社会公德、家庭美德等道德规范要求，能够继承和发扬尊老爱幼、勤劳朴实等优秀农村道德传统；在法律方面，高素质农民树立起了法制观念，自觉地学法、懂法、守法，并能主动拿起法律武器维护自身合法权益。

二、有文化懂技术

科技文化素质是高素质农民最应该具备的素质。

有文化是指高素质农民必须具备一定的文化知识基础和通过接受教育提高接受新知识和各种信息的能力。农民知识化进程的快慢，在很大程度上决定着现代农业和新农村发展的步伐快慢。农民的整体文化素质决定了农民对新技术、新思想的接受程度，决定了农民对农产品新品种、环保意识、食品安全意识、无公害农产品、标准化知识的接受能力，对农民市场经济知识与技能、经营能力和转岗能力有重大影响。

懂技术是指高素质农民必须具备一定的农业科学技术基础，接受过技能培训，提高自身吸收和运用新技术的能力。只有掌握现代农业生产管理先进技术，承接新技术新品种新装备，同时传承"工匠"精神，只有这样的高素质农民，才能真正让农民信服，才能带领农民共同致富，才能真正引领现代农业发展。

三、会经营善管理

高素质农民应拥有先进的经营管理理念，能够从事专业化、标准化、规模化农业生产经营。

会经营善管理是指高素质农民必须具备一定的适应市场经济发展的经营管理基础，以及通过参与市场提高自身经营管理水平和适应市场经济的能力。高素质农民除了是生产者外，还是投资者、经营者、决策者，也是市场风险和自然风险的承担者。实践证明，在市场经济日益发展的情况下，如果农民依然"面朝黄土背朝天""土里刨食"，很难走上致富之路。"无农不稳、无工不富、无商不活"已经成为人们的共识，农民只有会经营，不断提高经营现代农业的水平，全方位拓展增收渠道，用工业的理念发展农业，推进农业生产经营向集约化、专业化、机械化发展，向标准化、信息化、产业化发展，才能实现致富的目标。

四、强体魄树新风

年龄相对年轻，身体素质好是高素质农民的重要特征。他们拥有健康的体魄，积极开展体育健身，组织开展具有农耕农趣农味的健身活动，丰富农民精神文化生活，提升农民健康水平，增强农民获得感、幸福感、安全感。通过推动农村民间传统体育发展，大力弘扬中华民族优秀文化，引领带动乡村文明建设，树立良好乡风民风。

五、敢创新能担当

带动小农户和贫困户发展是高素质农民发挥示范引领作用最重要的体现，高素质农民应具有较强的自我发展能力，愿意带动小农户和贫困户共同发展，在乡村振兴中积极贡献力量。

第二章　道德素养

2019 年中共中央、国务院印发的《新时代公民道德建设实施纲要》指出，要把社会公德、职业道德、家庭美德、个人品德建设作为着力点。

第一节　社会公德

一、社会公德的内涵

1. 社会公德的概念

社会公德是指人们在社会交往和公共生活中应该遵守的行为准则，是维护社会成员之间最基本的社会关系秩序、保证社会和谐稳定的最起码的道德要求。

2. 社会公德的内容

从大的范畴来讲，它主要包括两个方面的内容：一方面是在事关重大的社会关系、社会活动中，应当遵守的由国家提倡的道德规范；另一方面是在人们日常的公共活动中，应当遵守、维护的公共利益、公共秩序、公共安全、公共卫生等守则。

3. 社会公德的特点

社会公德是人类社会文明成果的一种沉淀和积累，具有以下几个特点。

（1）基础性。社会公德是社会道德体系的基础层次，在每个社会都被看作最起码的道德准则，是为维护社会公共生活的正常进行而提出的最基本的道德要求。遵守社会公德，是对社会生活中每个人的最低层次的道德要求，在此基础之上还有许多更高的道德标准和道德要求。

（2）全民性。社会公德是社会全体成员都必须遵守的道德规范，具有最广泛的群众性和适用范围。在同一社会中，任何社会成员不管属于哪个阶级或从事何种职业，对于社会公共生活的简单规则，都必须遵守，否则就要受到社会舆论谴责。国家、社会团体、机关单位有时甚至可以以国家权力或行政权力、经济权力予以干预。

（3）相对稳定性。社会公德是人类世世代代调整公共生活中最一般关系的经验的结晶。这种最一般的关系，在不同时代、不同社会形态里都存在着，因而，调整这种关系的社会公德在历史上比起其他各种道德分支来，具有更多的稳定性。而且社会公德总是随着社会物质文明和精神文明的发展，保存和发扬其进步的、合理的方面，剔除其落后的、不合理的部分。

（4）简明性。社会公德大多是生活经验的积累和风俗习惯的提炼，往往不需要做更多的说明就能被人们理解。

（5）渗透性。社会公德具有广泛的渗透性。它作为调节公共生活的准则，包含着非常广泛的内容，如遵守公共秩序、保持公共卫生、敬老爱幼、尊师爱生、言而有信、互相关心、互相帮助、礼貌待人、互相谦让、济困扶危、拾金不昧、见义勇为等。

二、良好的社会公德

良好的社会公德，具体包括以下内容。

1. 文明礼貌

文明礼貌是人与人之间团结友爱和情感沟通的桥梁，表现为人们之间交往的一种和悦的语气、亲切的称呼、诚挚的态度，更表现为谈吐文明、举止端庄等。这些虽为日常小事，但对建设和谐友爱的新农村起着重要作用。正所谓"良言一句三冬暖，恶语伤人六月寒"。当然，文明礼貌也是一个历史的范畴，随着时代和条件的变化而不断更新。

2. 助人为乐

助人为乐是当一个人身处困境时，大家乐于相助，给予热情和真诚的帮助与关怀。人类社会应当是一个人与人之间相互扶持的社会，因为，任何一个社会成员都不能孤立地生存。一个人要做到"万事不求人""处处皆英雄"是不可能的。生活在社会中，"如果你向别人伸出一千次手，就会有一千只手来帮助你"，"助人"本身也是"助己"。

3. 爱护公物

公共财物包括一切公共场所的设施，它是提高人民生活水平，使大家享有各种服务和便利的物质保证。对社会共同劳动成果的珍惜和爱护，是每个公民应该承担的社会责任和义务，这既显示出个人的道德修养水平，也是整个社会文明程度的重要标志。

爱护公物主要表现为：一要做到公私分明，不占用公家财物，不化为私有；二要爱护公共设施，使其能够为更多人服务；三要敢于同侵占、损害、破坏公共财物的行为作斗争。

4. 保护环境

热爱自然、保护环境是当今时代社会公德的重要内容。热爱自然、保护环境，从根本上说，是对全人类的生存发展利益的维护，也是对子孙后代应尽的责任。

农村区域占我国国土面积的绝大部分，农村环境的维护和保持是我国环境保护的重要内容。总体上而言，农村环境保护可以分成生活环境和农业生产环境两个部分。生活环境的保护涉及人居和家居环境的改善，以及生活区环境卫生的维护，主要靠人们良好的生活习惯和生活垃圾的妥善处理来维持。农业生产环境主要涉及农业耕地质量和农用水源质量的保护，而耕地和水源质量的好坏和农业生产作业过程有着密切的联系，特别是农药、化肥、除草剂等的过量施用需要引起农户特别的关注。在经济发展过程中不仅要"金山银山"，还要"绿水青山"，树立"保护环境，人人有责"的观念，努力养成有利于环境保护的生活习惯、行为方式，提高科学的农事作业的技能。

5. 遵纪守法

遵纪守法是社会公德最基本的要求，是维护公共生活秩序的重要条件。遵纪守法就是要增强法制意识，维护宪法和法律权威，学法、知法、用法，执行法规、法令和各项行政规章；就是要遵守公民守则、乡规民约和有关制度；就是要见义勇为，敢于同违法犯罪行为作斗争。

第二节 职业道德

所谓农民职业道德，就是指农民在履行社会分工所给予社会职能的活动中，以及在履行本职工作的活动中，所应该遵循的行为规范和准则。一旦农民职业道德失调，那么将产生一系列不利的连锁效应。

具有良好的职业道德，要求新型职业农民从事农业生产经营活动时，必须从职业观念、职业态度、职业技能、职业纪律和职业作风等方面严格要求自己，遵循一定的职业操守，诚实守信、尊重他人、造福社会。

一、职业道德的内涵

1. 职业道德的概念

职业道德是指从事一定职业的人们在职业生活中所应遵循的道德规范以及与之相适应的道德观念、情操和品质。

2. 职业道德的社会作用

职业道德的社会作用往往因职业道德特点的变化而改变，社会主义职业道德也因出现了不同于以往社会职业道德的特点，其社会作用相应发生变化，主要表现在：有利于建立新型、和谐的人际关系；有利于规范各行各业的行为，促进生产力的发展；有利于提高全民族的道德素质，促进全社会道德风貌的好转。

3. 职业道德的特点

职业道德具有行业差别的特殊规定性、表现形式的多样性、岗位需求的特殊技能性、连续性和相对稳定性等特点。

（1）行业差别的特殊规定性。行业差别的特殊规定性即各行各业除应遵循爱岗敬业等普遍的职业道德规范外，由于职业不同还具有自身特定的服务对象、岗位职责和特殊的职业道德要求。例如，医务行业的职业道德规范是"救死扶伤""治病救人"等"医德"；商业的职业道德规范是"公平交易""童叟无欺"等"商德"。

（2）表现形式的多样性。表现形式的多样性即职业道德的表现形式往往因行业、职业的不同而多种多样。各行各业一般都根据本行业或职业的特点，采取简明扼要的方式对该行业或职业的道德规范加以规定。

（3）岗位需求的特殊技能性。岗位需求的特殊技能性即各行各业的职业岗位往往要求从业者具备适应岗位工作需要的知识、技术和技能。不熟悉行业业务、缺乏职业岗位技能，工作就无法做好，就是不讲职业道德。

（4）连续性和相对稳定性。连续性和相对稳定性即职业道德往往是世代相传，在内容上相对稳定的行为习惯。只要这一行业、职业连续存在，与该行业、职业相适应的职业道德就会相对稳定地传承和延续。

二、职业道德的基本规范

(一) 爱岗敬业

爱岗敬业，即从业者热爱自己的本职工作，以正确的态度对待自己的岗位工作，在职业活动中尽职尽责、兢兢业业、忠于职守。它是我国社会主义职业道德的一条基本规范，是对各行各业从业者职业道德的一种普遍要求。其基本要求是：具有强烈的事业心和责任感，忠实履行岗位职责，以主人翁的劳动态度认真做好本职工作；反对玩忽职守的渎职行为，克服鄙视体力劳动和服务性职业的社会偏见；树立社会主义职业的平等观、平凡职业的荣誉观，尊重平凡岗位的劳动；刻苦学习专业知识，不断提高岗位技能。

(二) 诚实守信

诚实守信，即从业者在履行岗位职责的过程中诚实劳动、讲求信誉。诚实劳动，即从业者在职业活动中以诚实的态度对待自己的劳动和工作。讲求信誉，即从业者在职业活动中做到实事求是、诚实守信，对工作精益求精，注重产品质量和服务质量，从人民的利益出发，忠诚地履行自己承担的职责。诚实守信的基本要求是：实事求是、言行一致，诚实劳动、信守承诺。

(三) 办事公道

办事公道，即从业者在处理职业关系、从事职业活动的过程中，公平公正、公私分明。所谓公道，即平等公道地对待所有的服务对象，尊重每个人的合法权利；在职业活动中站在公众的立场上，对每个工作对象和服务对象都做到公平合理，按同一标准办事，出于公心、秉公执法、一视同仁。办事公道的基本要求是：办事客观公正、待人诚恳公平；遵纪守法、坚持原则；廉洁奉公、不徇私情；严格按规章制度办事，遵守职业制度和职业纪律。

（四）服务群众

服务群众，即从业者不管从事何种职业，身处什么岗位或地位，都要为广大人民群众竭诚服务。其基本要求是：从业者在从事职业活动时文明服务，谈吐文雅、举止大方、礼貌待人，对人民极端热忱；自觉抵制不正之风，服务热情周到，讲究服务质量。

（五）奉献社会

奉献社会，即从业者要把自己的全部智慧和力量投入为社会、集体、他人的服务之中。其基本要求是：正确认识、对待和处理从业者自身利益和社会利益的关系、经济效益和社会效益的关系，把行为的动机、效果统一起来，自觉地为社会作贡献。

爱岗敬业、诚实守信、办事公道、服务群众、奉献社会是各行各业对从业者职业道德行为的普遍要求。其中，爱岗敬业、诚实守信是对从业者职业道德的基础性和基本要求，任何从业者达不到这两项要求，都很难履行好岗位职责，并求得自身的生存与发展。

三、农业生产中的道德现象

当前大多数人对于农产品质量安全问题的研究大都集中在制度、法律、技术等领域，但是从职业道德这个角度对农产品质量安全问题进行的研究则相对较少。对于职业道德而言，其在整个社会道德体系中占有重要的地位，不仅是社会道德原则和道德要求在职业领域的具体化，还在职业活动有序进行的过程中发挥着重要作用。而农民职业道德是农民在履行社会分工所给予社会职能的活动中，以及在履行本职工作的活动中，所应该遵循的行为规范和准则。一旦农民职业道德出现失调，那么将产生一系列不利的连锁效应。

1. 农产品生产中化学化工品滥用使消费者的身体健康受损

纵观近年来发生的农产品质量安全问题，可以发现我国的瓜果蔬菜中农药残留、牲畜养殖抗生素滥用、粮食类种植过程中过量使用化肥等现象十分突出。而导致这些农产品质量安全问题的产生，正是由于有些人道德败坏引起的。农产品生产者不懂得农民职业道德规范会产生严重的农产品质量安全问题。

由于化学化工品的滥用，也造成了诸多骇人听闻的事件，如苏丹红鸭蛋、孔雀绿鱼虾、含有 4-氯苯氧乙酸钠的无根豆芽、甲醛蔬菜保鲜等。这些农产品质量安全事件的发生，看似是在农产品生产活动中滥用化学化工品引起的，其实不然，真正的原因是农民职业道德严重失调，势必会对消费者的最基本的人身权益造成严重伤害。

2. 违背规律、急功近利进行生产导致农产品质量的低劣

按照规律办事，尊重自然规律是农民职业道德对于在农产品生产活动中的农民的客观要求。

伴随着农民职业道德失调的发生，违背规律、急功近利地进行农产品的生产就成了影响农产品质量安全的一个重要因素，并且这种现象也呈现出了越发严重的趋势。对于施用了农药的瓜果蔬菜，原本应该放置一段时间才能够上市销售，但是在面对激烈的市场经济竞争的时代里，在失去职业道德调节的背景下，农民会毫不犹豫地选择眼前既得的利益，不会等着打过农药的瓜果蔬菜过休药期便采摘上市销售。而这样不按照规律办事，急功近利的做法只能给农产品的质量安全埋下深深的隐患。当前，我国已经是世界上最大的化肥使用量国，有些农民朋友习惯凭传统经验施肥，不考虑各种肥料特性，盲目采用"以水冲肥""一炮轰"等简单的施肥方法。由于在小面积内过量使用单一化肥，致使在养分不能够很好地为农作物吸收的同时，造成了"部分地块的有害重金属含量和有害病菌量超标，导致土壤性状恶化，作物体

内部分物质转化合成受阻",使生产出来的农产品的质量安全得不到任何保证。因此,一旦农民职业道德失调,农民就不再按职业道德的规范进行农产品的生产活动,而是出现违背规律、急于求成地进行生产,这样生产出来的农产品的质量显然是非常低劣的,而消费者食用后必然会对身体健康造成损害。

3. 农产品质量安全问题越发严重化、普遍化

我国当前的农产品质量安全问题已成为危及民生、阻碍农业发展、影响农民增收的重大问题。不少地方使用国家明令规定的禁用高剧毒农药问题突出,以至于出现农药残留超标严重的情况。其实,不单是农产品中的高农药残留现象严重,其他农产品的质量安全问题也依旧突出,如在农产品生长期大量使用激素、在猪饲料中违规添加"瘦肉精"等。如果农民职业道德不能够很好地对农民在农产品生产中的行为进行约束,不能够发挥其重要的效能,那么,农民就有可能为了既得利益,在思想上更加完全摆脱农民职业道德的束缚,在行为上更加地"大胆",这只能是让农产品质量安全问题更为严重化,久而久之,农产品质量安全问题的严重性就会显得越发普遍,甚至很可能会达到频发且难以解决的地步。

第三节　家庭美德

一、家庭美德的内涵

1. 家庭美德的概念

家庭是以婚姻和血缘关系或收养关系为基础的社会生活组织,是人类社会、国家,乃至每个村庄的最基本的组织单位和经济单位。

家庭美德是每个公民在家庭生活中应该遵循的行为准则,它

涵盖了夫妻、长幼、邻里之间的关系。正确对待和处理家庭问题，共同培养和发展夫妻爱情、长幼亲情、邻里友情，不仅关系每个家庭的美满幸福，还有利于社会和村庄的安定和谐。

2. 家庭美德的衡量标准

家庭美德的衡量标准是看其能否正确处理家庭问题，善于培养家庭成员之间的感情，尊崇传统的孝道观，长幼有序，善于邻里之间的沟通，不会因为一点小的利益而导致邻里不和。在家庭生活中，看其是否勤俭持家，不讲排场，也不攀比阔气。

二、家庭美德的要求

（一）夫妻平等相爱

夫妻是由于婚姻关系而结合在一起的一对异性，夫妻关系是派生其他一切家庭关系的起点。在现代社会，夫妻关系已日益成为家庭关系中的主轴，夫妻之间的婚姻质量也日益上升为家庭生活质量的决定性因素。因而，夫妻平等相爱的美德建设，是经营好一个家庭的基础。这种美德，主要体现在尊重对方的人格和情感，尊重对方的个性与发展意愿。这种尊重在日常生活中具体表现为夫妻间的相互帮助、相互信任、相互理解。夫妻平等相爱的美德，还表现在夫妻间的相互给予和奉献。道德的婚姻不是相互占有，而是平等的结合；恩爱的夫妻不是相互索取，而是无私地给予和奉献。

（二）父母抚养教育子女

孩子是夫妻平等相爱的结晶。孩子的诞生，使夫妻关系派生出了亲子关系。亲子美德的重要表现，便是父母对子女的抚养和教育。父母抚养、教育子女，是我国的一项传统美德，主要表现为父母双方对孩子的共同抚养、教育。从"抚养"层面上讲，就是为孩子提供良好的物质条件促进其生理的生长发育；在"教育"层面上讲，就是父母以崇高的责任心和义务感来铸造孩子健全的人格和高洁的心灵，传续一代代父母对子女的殷切厚望，推动孩子社会化的进程，并为孩子接受学校和社会教育提供必要的物质条件，使其成为适应社会需要、有所作为的人。

（三）子女养老尊老

子女养老尊老的美德，实际上就是我们常说的"孝道"，这是我国一项优良的传统美德。同父母抚养教育子女一样，这种"孝道"也表现在两个方面：一是养老，即为老人提供相应的物质生活条件，照料老人的日常生活起居；二是尊老，即子女要真心实意地尊敬双亲，从心理和精神上给予老人满足和关心，让他们真正成为物质和精神上富有的人。

（四）勤劳致富、节俭持家

在家庭领域，勤劳致富和节俭持家都是我们民族大力提倡的传统美德。之所以强调勤劳致富是因为：第一，勤劳致富本身包含着家庭对社会奉献的成分。"家兴而国家昌明，家富而国家强盛。"家庭富足，不仅是国家繁荣昌盛的具体表现，也是国家繁荣昌盛的基石。所以，勤劳致富，不仅是利家之举，更是兴国之行。第二，勤劳致富是家庭美满幸福的必要条件。只有拥有富足的生活条件，才能享受更宽广的生活空间，这是我们追求的目标之一。

（五）团结邻里

邻里之间应该以礼相待、互谅、互让、互帮、互助、团结友爱。在现代社会中，一个家庭不可能独立地存在，而是处在双向的、多维的、复杂的交际网络之中，涉及家庭生活的各个方面。俗话说："远亲不如近邻。"邻里关系好，等于是生活环境质量的提高。

搞好邻里团结重要的是互相尊重。要尊重邻里的人格、民族习惯、生活方式、爱好、兴趣和职业。不要随意妄加评论和指责，更不能以财欺人，以势压人。要做到邻里团结，和睦相处，

就要助人为乐，心里有他人，不乱挤占共用场地和设施。一定要
尽量地多为他人着想，多为他人提供方便，处理事情合情合理。

第四节 个人品德

一、个人品德的内涵

个人品德是指人类个体以心理活动形式表现出来的道德观
念、道德情感、道德行为和道德品质。个人品德与职业道德、社
会公德、家庭美德是紧密联系的。一个品德高尚的人，无论在工
作单位、社会，还是在家庭中都会是一个好成员；一个品德低下
的人，就可能做出有损于社会、家庭和他人的不道德行为。个人
品德是道德建设的基础，是社会主义道德体系的重要组成部分，
是搞好社会公德、职业道德、家庭美德建设的前提和条件。培养
良好的个人品德，对提高农民思想道德素质，促进精神文明建设
具有重要作用。

二、个人品德的内容

爱国奉献、明礼遵规、勤劳善良、宽厚正直、自强自律，是
个人品德的主要内容。我们要从这几个方面入手，培育个人的优
秀品德。

1. 爱国奉献

爱国精神是一种深厚的感情，一种对于自己生长的国土和民
族所怀有的深切的依恋之情。这种感情在历史的长河中，经过千
百年的凝聚，无数次的激发，最终被整个民族的社会心理所认
同，升华为爱国意识，因而它又是一种道德力量，它对国家、民
族的生存和发展具有不可估量的作用。新型职业农民的爱国精
神，首先应从爱土地、爱家乡开始。故乡的山水土地，祖国的江

河湖海，这些自然环境是人们爱国主义道德感情的最初源泉之一。保护自然环境，杜绝乱砍滥伐，防止水土流失，发展生态农业、可持续农业，提高地力，建设生态文明，促进农业可持续发展，这就是爱国方式之一。

2. 明礼遵规

在实际工作和生活中，应当懂得相应的礼仪，如着装礼仪、仪容礼仪、举止礼仪等个人礼仪，如称谓礼仪、介绍礼仪、交谈礼仪等社交礼仪，如就餐礼仪、乘车礼仪等公共场合礼仪等。懂得相应的礼仪，让自己成为彬彬有礼、知书达礼的人，成为一个高素质的新型农民。

3. 勤劳善良

勤劳和善良是一个人的生存、发展和成功之道，也是我们这个社会急需的两种品格。对于农民朋友来说更为重要。农民朋友要想致富，必须勤劳起来，同时，在保重身体健康的前提下，多学技术，结合自身的优点，发挥自己的特长，做一些适合自己的事，才能在走向致富的道路上更进一步。

4. 宽厚正直

宽厚待人不是逆来顺受，而是一种坦荡的襟怀、一种恬然的心境、一种高尚的人格、一种人性的升华。在工作和生活中，要学会宽厚正直，该伸出援手的时候伸出援手，该见义勇为的时候见义勇为。

5. 自强自律

从古至今，自强自律都是成功之人必备的素质。在学习和生活中需要自律精神，没有自律，人会变得懒散、贪婪、自私、猥琐等，而自律会让人们的生活变得有规律，学习更有效率。对于创业的农民朋友来说，更应加强自强自律，以便更好地应对创业过程中出现的各种风险挑战。

第三章　信息素养

第一节　信息素养的内涵

一、信息素养的概念

信息素养，又称信息素质，最早是由美国信息产业协会主席保罗·车可斯基（Paul G. Zurkowski）在 1974 年提交的一份报告中提出，他将信息素养定义为"利用大量的信息工具及主要信息资源使问题得到解答的技术和技能"。但这一时期对信息素养的定义多在强调信息获取的技巧、信息定位与信息利用等。

20 世纪 80 年代，信息素养的内涵得到进一步扩展和明确，不仅包括信息技术和技能，而且涉及个体对待信息的态度（如信息意识等）、确定与利用信息的愿望、对信息价值的评价和判断、对信息的合理利用等。1989 年，美国图书馆协会下属的"信息素养总统委员会"在年度报告中对信息素养的含义重新进行了概括："具备信息素养的人，能够充分认识到何时需要信息，并能有效地进行检索、评价和利用所需的信息。"20 世纪 90 年代后，信息素养的概念更进一步完善，逐步与终身学习能力关联起来。

目前，关于信息素养最有代表性也较权威的定义是 2000 年由美国大学与研究图书馆协会（ACRL）制定的"高等教育信息素养教育标准"中提出的："能认识到何时需要信息，和有效地搜索、评估和使用所需信息的能力。"其中强调信息素养为一生学习奠定基础，它适用于各个学科、各种学习环境和教育水平，可以让学习者掌握内容，扩展研究的范围，有更多主动性和自主性。

二、信息素养的内涵

"信息素养"的本质是全球信息化需要人们具备的一种基本能力。简单来说，是指能够判断什么时候需要信息，并且懂得如何去获取信息，如何去评价和有效利用所需的信息的一种能力。

信息素养可以从下列两方面理解。

1. 信息素养是一种基本能力

信息素养是一种对信息社会的适应能力。美国教育技术 CEO 论坛 2001 年第 4 季度报告提出 21 世纪的能力素质，包括基本学习技能（指读、写、算）、信息素养、创新思维能力、人际交往与合作精神、实践能力。信息素养是其中一个方面，它涉及信息的意识、信息的能力和信息的应用。

2. 信息素养是一种综合能力

信息素养涉及各方面的知识，是一个特殊的、涵盖面很宽的能力，它包含人文的、技术的、经济的、法律的诸多因素，和许多学科有着紧密的联系。信息技术支持信息素养，通晓信息技术强调对技术的理解、认识和使用技能。而信息素养的重点是内容、传播、分析，包括信息检索以及评价，涉及更宽的方面。它是一种了解、收集、评估和利用信息的知识结构，既需要通过熟练的信息技术，又需要通过完善的调查方法、鉴别和推理来完成。信息素养是一种信息能力，信息技术是它的一种工具。

三、职业农民信息素养提升的途径

农民信息素养水平直接关系新农村信息化建设的进程，关系农业现代化和全面建设小康社会奋斗目标的实现。提升农民信息素养水平途径如下。

1. 逐步培养农业劳动者的信息意识

抓住农业和农村经济对信息的迫切需求开展农民教育培训，注重实效，循序渐进，重点突破，继而带动全局。要以农业企业信息化为突破口，在有条件的地方积极开展应用示范，努力营造学习信息技术、运用农业信息的氛围，使农民在学习信息技术、运用农业信息的过程中，实实在在地感觉到自己在受益。

2. 依托农村党员干部现代远程教育平台提高农民信息素养

以浙江省为例，以计算机技术、多媒体技术和现代通信技术为标志的农村党员干部现代远程教育平台已基本覆盖全省每个村镇，从而打破了时空界限，创设了个体化学习环境，有效地弥补了当前农村教育资源短缺的不足，为开展农民素养教育提供了全新的教育手段，是加快农村信息化建设，实现信息直通基地、直通农村、直通农户的有效途径。通过农村党员干部现代远程教育平台，大力开展新农村建设的教育和宣传，增强政府管理部门及生产经营者的信息意识和信息综合利用能力。基层政府是新农村建设的组织管理者，同时也是信息服务的重要提供者，其管理人员的信息意识和信息利用能力对推进新农村建设起着决定性的作用。要通过多种形式的宣传、教育，提高政府部门工作人员对信息的重要性、严肃性、风险性、时效性的认识。积极鼓励农村基层干部参加现代远程教育的学习，不断提高他们的科技文化素养和信息意识，对加强农村基层党组织和干部队伍建设、促进农村经济的发展具有十分重要的意义。

3. 利用各类农民教育培训资源提高农民信息素养

充分利用县（市、区）社区学院和乡镇社区教育中心、村民学校，把农民信息素养的培养充实到农民素养提升工程、农村劳动力转移培训和农村实用技术培训，有意识地提高农民信息素养。

针对新农村建设的需要，调整专业人才培养结构，重点培养一批能适应国际市场、把握市场信息和能运用现代化管理技术的农村经营决策人才，培养一批有信息技术实际操作能力的基层工作人员。同时，现代信息技术作为农业信息化建设的必备基础，现代信息技术课程应列入农村成人教育各专业的教学计划，使农民大学生尽快掌握运用现代信息技术的基本知识和技能，培养出多层次的农村信息应用人才。

4. 建立农村信息化培训网站，实施在线培训

农村信息化过程需要一大批既精通网络技术，又熟悉农业经济运行规律的专业人才，能为农产品经销商提供及时、准确的农产品信息，能对网络信息进行收集、整理，能分析市场形势、回复网络用户的电子邮件、解答疑问等。而农村信息技术的面授培训受到师资和时空条件的限制，培训数量有限，难以适应农业信息化建设对信息技术和服务人员的需求。因此，为了长期为广大的农业龙头企业、农产品批发市场、中介组织和经营大户提供网络知识和信息技术的培训，为广大农村计算机爱好者提供交流的场所，必须建立农业信息化培训网站。通过这一虚拟空间，大家不仅可以学到许多计算机及网络知识，而且可以获得大量的信息，学员们通过相互交流学习体会、交流致富经验，真正起到培养信息意识、学习信息技术和农村致富的桥梁作用，也丰富了农村的文化生活。

第二节　收集农业信息

一、收集农业信息的途径

进入 21 世纪后，社会信息量大幅度增长，为农业生产经营

者收集和利用各方面信息提供了有利的条件，同时也带来了大量的无用和虚假信息。农业经营管理者要学会以较小的投入收集较多的有用经营信息，同时正确运用于农业生产中。

面对变化莫测的市场，怎样才能准确收集市场信息，预测市场变化，掌握市场规律呢？总结收集市场信息的方式，主要有下面 6 种。

1. 实地市场调查

实地市场调查可以分成两种不同的方式：一种方式就是留心身边发生的事情，从偶然得到的消息去挖掘市场。只要我们是有心人，多注意身边发生的事情，就可以捕捉到好的信息。另一种方式就是到各个可能存在市场机会的地方去实地考察，综合分析这些信息以后，再采取行动。去各地实地考察需要花费不少的时间和精力，需要有一定经济实力，有较大生产规模的生产经营者可以采用这种方法。

2. 从广播电视上收集市场消息

由于广播和电视节目具有很强的时效性，不容易被我们记住。就是说，广播和电视节目播出以后，除非多次重复播放，没有什么其他方式可以引起我们注意，并保留这些消息，所以，尽管从广播和电视节目中收集到一些信息，但这种方式不是主要的，不是我们要花很多精力去注意的，而是和对待偶然得到的消息一样，做一个有心人就好。

3. 从报纸上收集市场信息

报纸上的信息是比较及时的，也便于我们随便翻看。通过我们对报纸上很多信息的筛选和判断，选取适合当地状况的信息来经营农产品的生产和销售，往往会取得较好的效果。从报纸上收集信息，比去各地调查要节省很多的时间和金钱，而且订报纸所花的钱并不多，得到的消息也很及时，是一种很好的寻找市场信息的方式。

4. 经常注意政府有关部门发布的消息

农民朋友要充分利用当地的政府部门提供的消息，尽力开发和占领周边的市场。但要注意，在全国各地负责向农民朋友发布市场消息的政府有关部门可能不同，一般来说，国际市场也需要政府有关部门提供信息。政府部门的国际农产品市场消息，除了农业部发布的消息外，从中国驻外大使馆发回来的消息，经由商务部对外公布的信息，是很值得我们注意的。这样一些消息，往往可以从报纸上、从一些专门的刊物上就可以查看到。农民朋友中采取"公司+基地+农户"的高级经纪人模式，有必要充分利用政府部门发布的国际信息，更进一步地扩大市场规模，或者寻找到新的市场机会。

5. 通过互联网收集

这种方式的特点在于：一是无论得到的是国际还是国内信息，都是最新的，快捷且方便；二是可以通过网络直接进行交流咨询，"面对面"的方式更及时、更准确。

6. 积极参加专业合作社

单家独户组织生产闯市场，毕竟势单力薄，难以把握变化莫测的农产品市场。要准确掌握市场信息，因此，最好的办法还是要大家组织起来，建立自己的专业合作社，通过专业合作社来收集、分析、利用市场信息。同时，有条件时可积极参加农产品展销会、农产品信息发布会等与农产品生产和销售相关的会议。参加这些会议不但开阔了眼界、提高了思想和认识水平，还可以宣传自己，找到市场商机，更重要的是认识了更多同行和朋友，建立了更加广泛的生意圈子和关系网络。

二、收集农业信息时需要注意的问题

21 世纪是信息化的社会，社会上的信息很多，收集农业信息并不难，但用较小的投入收集到有用的信息并不容易。在收集农业经营信息时需要注意以下问题。

1. 有明确的目的

在形形色色的信息面前，农业经营管理者始终需要掌握的一点是，农业生产的目的是收集更大的盈利，是取得良好的经济效益。为此，需要在降低生产成本的同时，提高生产的收益。收集的农业生产经营信息要服务于这一目的。

2. 收集有用的信息

面对社会上的大量信息，判断哪些信息是有用的，哪些信息是无用的有一定难度，也需要做大量的工作。根据成功企业的经验，可以用以下5个标准判断信息的有用性。

（1）有效性。该信息用于农业生产中是否可以获得相应的效果，可以提高生产的效率或降低生产的成本，可以解决农业生产中的问题。

（2）可靠性。在收集农业信息时，可靠的信息往往来自权威的信息发布单位，如农业农村部发布的农业信息、专业刊物上专家发布的信息等。

（3）及时性。对于当前生产经营决策中所用的信息最好是实时信息，或者是在有效期内的信息。

（4）准确性。信息不准确的原因是多方面的。信息收集人员的失误，计量工具的不准确，收集人员迎合信息需要者的偏好，以及有意发出的不准确信息都会影响信息的准确程度。即使是权威信息发布单位发布的信息在特定情况下也会有较大的偏差，利用不准确的信息进行决策必定会产生失误。

（5）全面性。在农业生产中，收集新技术、新产品信息时还需要注意信息的全面性。在我们看到的有关材料中，各种新技术的信息往往强调其优点的一面，而对于这种技术的缺点、问题、不适用的场合等很少提及。对于新品种也常常是强调其增产、增收的作用，对其缺点和问题很少有详细的说明。此时需要农业生产单位进一步了解这些新技术、新产品的缺点及问题等，只有掌握全面的信息才能对事物有正确的认识。

3. 适当收集信息

在信息社会中，收集信息要有适当的度，既不要忽视信息的收集工作，也不要过量收集信息。我们收集信息的目的是增加农业生产的收益，一般情况下，只要收集信息的投入小于农业生产增收的产出，就可以认为信息收集的工作量是适当的。如果将投入于农业信息收集的工作用于农业生产的其他方面会有更高的收益时，就可以认为此时农业信息收集的投入量已经过大，需要适当减少这方面的投入，转到农业生产经营工作的其他方面。

第三节　正确运用市场信息

一、对收集的信息进行分析

信息分析包括对信息的鉴别、筛选、汇总、分析、推理等工作，从各类信息中掌握市场变化的动向。主要有以下内容。

1. 对信息进行鉴别

就是对收集的信息进行去伪存真。一般可将不同渠道获得的同一时期的信息进行对照比较，或者将同一渠道获得的不同时期的信息加以对照比较，通过比较，判明信息的真伪。例如，某农户从他人那里得知某种农产品在批发市场上价格上涨，但又同时通过电话联系，知道了价格已经回落，就可以判断所听传言并不准确，避免盲目经营。

2. 对信息进行筛选

就是对收集的信息要去粗取精，剔除信息中那些不需要的、多余的内容，抓住实质内容。例如，某农户通过收听广播，得知某大城市自选市场的报道，联想起自己经营的特产——芋头，立即与自选市场挂钩，将产品全部销售了出去。

3. 对信息进行汇总

从一两条信息中往往只能看到市场交易活动的一个侧面，并不能了解全貌，只有对多种信息进行综合分析，才能掌握市场动态。例如，某饲养肉鸡专业户从广播中得知大豆出口量增加的信息，又从市场调查中了解到肉鸡价格趋升，综合这些信息判断饲料价格可能会上升，立即购买了一批较便宜的肉鸡饲料贮存起来。当饲料价格上涨时，便获得了降低饲养成本的好处。

4. 对信息进行分析

就是要去除信息的表面现象，找到对我们真正有用的实质内容，像剥笋一样，一层一层，由浅入深，逐层深入分析。这样就能从原始信息中得到真正有利用价值的信息。例如，某农户从新闻报道中得知北方数省迅速发展蔬菜大棚的信息，联想到蔬菜大棚增多后，向北方运销鲜菜的成本高，难以与当地大棚鲜菜竞争，但北方蔬菜大棚增多后，肯定对细菜种子的需求量增加，故而改为经营细菜良种，果然取得了较好的效益。

5. 对信息进行推理

就是经营者运用自己的知识和经验，对收集的市场信息本来的含义上，触类旁通，举一反三，由此及彼，从中寻找重要的市场机会。例如，河北省香河县的一个养牛专业户，从一次偶然的机会中得知省外贸部门组织出口活牛，他立即抓住这一机会，数次到省、部有关部门介绍自己养牛的情况，邀请领导参观自己创办的牛场，争取出口许可，并以优质低价竞争，终于成为河北省出口活牛第一大户，被称为"养牛大王"。

二、对市场信息的利用

对市场信息的利用，最重要的是利用信息来预测市场的变化，这一点也是最困难的。

一是要认真研判国际国内宏观形势。近年来，国家对农业特别重视，每年都出台有关农业的中央一号文件，从中央一号文件中可以了解大量的政策信息，也可以从中分析出国家未来农业发展的走势。此外，我们还可以从电视、报纸、广播、互联网等媒体上看到政府有关农业的很多政策、经济、社会各方面宏观消息，这些信息有助于我们把握大势，了解我们所从事行业的未来趋势。

二是要认真分析判断行业环境变化。如养鸡专业户遇上禽流感，就是一个突发事件，对养禽类的人来说，可以说是致命打击，但在经历不测的同时，也要想到禽流感总是会过去的，以后的禽类市场会怎么样？这才是更重要的。

三是要充分利用行业市场分析报告。这些报告一般都是由专家或从事相关行业多年的资深人士撰写的，对我们的远期预测有很大的作用，可以指导我们及早着手准备，特别是对水果、粮油等季节性强的农产品来说，做到预先准备是非常重要的。

四是要充分利用每日的价格快报。在农业农村部"中国农业信息网"上，每天都发布有全国各地农产品批发市场的价格信息，我们可以从连续一段时间的价格上，分析出这些产品的价格走势，以便指导我们采取及时措施适应市场的变化。很多地方农业部门也建设有本地农产品价格信息平台，提供大量本地农产品市场信息，这些信息，对于我们进行市场预测很有帮助。

五是要借助一些现代分析的手段。对市场的影响是多因素的，仅仅依靠过去的经验是远远不够的，有时经验会带来负面的影响，所以，对于市场预测要多借助于现代化的工具。例如，用现代统计方法画出价格变动趋势图，用以观察某种商品的价格长期变动趋势，可以增强对市场的预见性。

第四节 发布农业生产经营信息

在农业生产经营中，经营管理者在收集信息的同时，也需要对外发布相关信息。

一、农业生产经营需要发布的信息

农业生产经营需要发布的信息主要包括生产资料需求信息、专业服务需求信息、产品供给信息以及贯穿于整个过程的经营管理信息。

1. 生产资料需求信息

市场上有大量的生产资料销售商，这些生产资料的销售商掌握着不同价格和质量的生产资料。农业经营管理者及时发出对生产资料的需求信息，有助于沟通与供应商的联系，得到所需要的农业生产资料。

2. 专业服务需求信息

目前，农作物生产从生产前的土壤分析，生产中的机耕、播种到生产后的收割、储存和运输都有专业服务的组织。在畜牧业生产中，从养殖场的设计、种苗的提供、畜禽的防疫，到饲料的供应、产品的运输等也都有专业服务组织。及时发布服务需求信息，联系质量高、收费合理的专业服务队伍，既可保证不误农时，又可以提高工作效率。

3. 产品供给信息

农业生产的绝大多数产品需要通过市场销售。目前虽然有大量的农产品收购商直接找到农业经营者，但为了更有效地完成销售，农业经营者还需要及时发布有关产品销售的信息，使更多的经销商了解当地农业生产的品种、数量、质量等。

4. 经营管理需求

通过发布农业生产所需的劳动力、经营管理人才等相关信息，可以扩大对生产和管理人员的选择面，找到更适合于农业生产的员工，提高农业的生产效率。通过相关信息的发布，还可以找农业生产所需要的土地、水面及扩大农业生产所需要的资金、技术、培训等方面的支持。

二、发布信息的渠道

发布农业经营信息的渠道多种多样，主要有以下几种。

1. 口头传递

口头传递是通过交谈、电话等以口头形式表达需要传递的信息。人员推销是口头传递的一种典型形式，这一方法指销售人员携带一定的宣传材料，口头介绍自己的产品，包括产品的价格、特点、生产单位的联系方法等。发布的口头信息要清楚、明确。发出信息后要守信，有关承诺要落实。

2. 发布广告

对于需要经常发布的信息，还可以采用广告的形式。最简单的广告有农业生产单位的宣传牌，说明本单位的性质、生产的特点和主要产品、联系人、联系方法等。另外，针对相关活动制作的印刷品，以及农产品包装物上的说明等也有广告的作用。如果有特殊的需要，还可以考虑在公众媒体上发布广告。

3. 展览、展销

根据不少农业经营管理者的经验，大多数新产品在相关的展览、展销会上进行宣传，往往能够获得较好的效果。特别是在地区性或专业性的展览、展销会上，由于参会人员有明确的目的，专业性较强，对农业生产单位发布的信息比较敏感，同时接收信息的人员多数有一定的决策或建议权，有时只需要有几个大中型生产经营单位的相关人员注意到本单位所发布的信息就能够收到明显的效果。

4. 专业会议

专业会议集中了相关行业的管理人员或技术人员，在这种专业会议上如果能够发布本单位的信息也会有较好的效果。如林果生产者在饮料专业会议上发布果品生产的信息，粮食生产者在饲料会议上发布饲料粮生产的信息，蔬菜和畜禽生产单位在餐饮行业的会议上发布的农产品生产信息等均属于生产单位向需求单位直接发布的信息，常常可以带来直接的效益。另外，在相关的农业技术研讨会上发布对技术的需求信息，在生产资料行业举行的会议上发布对生产资料的需求信息同样可能取得直接的效果。

5. 互联网络

随着互联网络的普及，利用互联网发布信息成为农业经营管理者普遍采用的方法。互联网上发布的信息可图文并茂，生动直观，随时更换。同时，在互联网上发布信息的投入不高，技术不复杂，接收信息的区域广泛，有利于将生产的产品介绍到世界各地。

三、发布信息需要注意的问题

1. 信息发布的权限

只有经营负责人才有权力发布农业生产单位的信息，员工和下属未得到许可是不能发布信息的。

2. 保守生产经营机密

生产经营者在发布有关信息时要保守生产经营中的机密，注意不要在发布信息时将企业的内部消息透露出去，如农业生产的成本、价格底线、与其他单位的交易情况等。发布信息时只发布让有关单位和人员了解的内容，不要将无关内容也同时发出。例如，急需某些生产资料的信息发布中不宜将"急需"透露给供应商，否则在以后合同的谈判中将处于不利的地位。在销售信息发布时亦如此，即使是在销售有一定困难、单位急需资金周转的情况下，也不宜将"急需"资金周转这类信息透露给收购商，这样容易让收购商压低农产品的收购价格。

3. 把握机会

对于每个地区或特定的农产品，在特定的时间内发布信息常常有较好的效果，在发布信息时，要注意把握这类机会。如当地举办与农产品有关的活动时，或外来经销、采购商大量涌入时，或外来人员较多时，此时发布信息可能让更多的专业人员或消费群体所认识，一旦错过这一时间，进行的工作会事倍功半。

4. 突出重点

发布信息的目的是让有关人员认识或感兴趣。由于目前社会上发布的信息数量庞大，让有关人员重视农业经营管理者发布的信息并不容易。这就需要在发布信息前详细分析我们需要解决的主要问题是什么，哪些可能引起相关人员的兴趣，在发布信息时要对发布的内容精心整理以突出重点，发布的内容要短小精悍，一目了然，这样的信息往往会有好的效果。

5. 衡量效益

发布信息需要有一定的投入，这就需要对发布信息的方式、方法、力度、投入量等有一定的选择，力求用经济实用的手段，以最小的投入收集最大的收益。在实际工作中，农业经营管理者发布信息时都不会只用单一的方法，而是多种形式的组合，此时，如何组合才有更好的效果，也需要有一定的衡量。从信息的发布到取得效益有时需要有一个过程，对于不能立竿见影的信息，也需要在一定的时间内坚持发布，让有关的经销商对生产单位的需求等有更深的印象和了解。

第四章　科学文化素养

第一节　科学文化素养的内涵

一、科学文化素养的相关概念

科学文化素养包含科学素养和文化素养两个方面。

1. 科学素养

"科学"（science）一词来源于拉丁文 scientia，对于科学的解释就是"智慧""技能""知识"的含义。科学素养的内涵主要有3个方面：公民对科学概念和科学理念的理解能力；公民对科学的认知能力；公民在个人生活和生产中运用科学文化的能力。具备基本科学素养的公民可以提高细致观察事物的能力、全面思考能力、自我认知能力、冷静分析等各方面的能力。

2. 文化素养

文化素养更多的是指人们所接受的人文社科类的知识，包括哲学、历史、文学、社会学等方面的知识，这些知识通过语言或文字的表达体现出来、通过举手投足反映出来的综合气质或整体素质。

3. 农民科学文化素养

农民科学文化素养是指新型职业农民所具备的科学文化知识、对科学技术的认识、接受和运用能力等方面的素质。农民的科学文化素养通常反映农民接受文化科技知识教育的程度，掌握文化科技知识量的多少、质的高低以及运用于农业生产实践的熟练程度。

二、科学文化素养提升的意义

1. 科学文化知识影响着人的素质和能力

科学文化知识是人类对于客观规律的认识和总结，是人类以心智征服物质世界，发现客观真理的记录。科学文化知识不仅能够帮助人们形成智力、能力、生产力，同时也形成新的思想道德和精神品格，促进人的全面发展。正是不断积累的科学文化知识，帮助人类从大自然中站立起来与动物分开，走向文明，走向未来。科学文化的力量越来越深刻地影响着人类生活，全方位地提高着人的素质和能力，成为改造世界、推动历史前进的重要力量。

2. 科学文化素养在农民整体素质中起着主导性作用

科学文化素养的高低直接影响着科技成果在农业生产中的转化和应用，从而决定了农业现代化的进程。只有提高农民的科学文化素养，才能真正解决"三农"问题，才有可能实现我国农业和农村的现代化。科学文化素养的提高还是农民物质上脱贫致富的重要途径，也是农民精神生活脱贫致富的根本保障。农民科学文化素养的高低，在很大程度上反映着农业生产水平的高低，直接影响着农民走向富裕的进程与途径。

3. 科学文化素养提升是农民职业化面临的挑战

多年实践证明，影响农业发展的深层次因素是农民的科学文化素养。要提高农业综合生产能力，加快农业现代化建设，实现农业农村经济发展，必须全面提高农民的科技文化素养，培育一支"有文化、懂技术、会经营"的新型职业农民队伍。现阶段农民队伍整体受制于文化素养的影响，不利于新技术、新观念的学习和推广。只有依靠知识资源，依靠科学技术，不断提高农民的素养，才能推进实现农民职业化。

第二节 农民科学文化素养现状

一、农民科学素养现状

在实际农业生产中，大多数农民没有接受过系统的农业技术教育和职业培训，主要依靠长辈们言传身教和模仿来获得技术，在科学素养方面的不足表现如下。

1. 先进的生产设备推广不力

对于先进的农业机械，如耕种类、植保类、收获类等机械，由于农民缺乏农业机械知识，使用以及维修这些先进机械需要耗费大量的时间、金钱和精力。农民对先进农机的拥有热情大大降低，不仅浪费了农业资源，也在很大程度上降低了生产效率。

2. 农作物种植不够科学

在农作物种植时间分配、种植密度、配方施肥、防虫治病周期及药剂选择使用等方面都不够科学。虽较以前农作物产量大大提升，但是目前实际产量与利用农业技术培植的农作物的产量还是偏低，产量提升空间依旧比较大。

3. 科学养殖重视不够

先进养殖技术引进与落实不够，包括渔业养殖、畜牧业养殖。尽管饲料的生产与引进给养殖业注入了新的活力，但是目前农村出现的猪瘟、鸡瘟、狂犬病等病毒蔓延依旧没有得到足够的重视与有效防范，农民群体在"大风波"中依旧是损失最重的受害群体。

4. 对农业科技的认知接受能力较弱

大多数农民对农业新技术、新产品表现出消极观望的态度，能看懂农业科技知识的很少，很难掌握操作要领。

二、农民文化素养现状

衡量一个人文化素养高低的一个重要标准就是文化程度的高低。根据国家文化程度代码标准（国家标准 GB 4658—1984），文化程度从大类上可分为研究生、大学本科、大学专科和专科学校、中等专业学校或中等技术学校、技工学校、高中、初中、小学、文盲或半文盲。

目前，我国农民受教育的程度普遍偏低，大多以小学或初中文化程度为主。如某县的调查结果显示，该县农民平均受教育年限为5.8年，初中、小学文化程度占90%以上，高中文化程度只占7.8%。

由于农民科技文化水平低，对科技的吸纳和应用能力不强，制约了农业科技成果的有效转化和农业生产新技术的快速推广。

第三节　科学文化素养要求及提升

一、科学素养要求

对于新型职业农民来说，对其科学素养的要求是：了解科学技术知识、懂得科学方法；基本了解自然界和社会之间的关系；能够认识到科学技术、科学方法的作用，能够运用科学方式和思维方式方法来处理日常生活中的困难和问题；掌握相应的基础农业科学，通过在生产活动中对科技成果的应用，如无人机植保技术，最终将科技成果转化为生产力。

二、文化素养要求

一个人的文化素养高低一般由其文化基础的高低决定。文化基础一般由其受教育程度来衡量。相对来说，一个人的学历越高，其文化基础相应也越好。对于新型职业农民来说，"有文化"是最基本的素养要求，文化基础决定其接受和消化科学信息的能力，决定其不断发展和提升的能力。因此，对新型职业农民来说，设立最基本的文化基础要求是必需的。在新型职业农民培育课题的相关研究和实践中，人们普遍认为新型职业农民必须接受良好的中等或高等教育。对于大多数未来劳动力来说，接受良好的中等或高等教育（至少是中等教育），具备与所从事职业相适应的文化知识水平，除相对偏远和贫困地区外，这对于我国目前的农村教育条件来说，总体上都可以成立。

三、科学文化素养的提升

1. 牢固树立科技致富观念

从事生产、增加收入，必须抓住机遇，迎接挑战，扬长避短，趋利避害，研究和实践新的农业发展理念。纵观每一位率先走上富裕道路的农民创业史，不难看出他们除了具有普通农民所具有的吃苦耐劳、艰苦创业的精神外，他们的思想观念与时代也是相适应的，既对形势与政策有一定的了解，又能把握好机遇，敢于大胆尝试，更重要的是他们都掌握一定的科学技术，以科技知识武装头脑，以科技农产品占领市场，以科技手段创造高效益。

2. 积极参加农民职业技能培训

要通过加强农村的教育和科技推广服务工作，努力提高广大农民的科学文化素养，努力提高广大农村经济社会发展的科技含量。因此，必须采取多种形式，通过多种途径、多种渠道加强农民特别是青年农民的职业技能培训，使每个农民掌握一项至两项农业实用技术；必须改革农村科技、教育体制，实行农科教相结合；必须激励农民学习技术，有条件的地方可给获得技术员职称的农民以补贴；推行"绿色证书"制度，对获得"绿色证书"的农民争取农业生产贷款可考虑免除担保手续，从而造就一种学科技光荣、用科技获得实惠的社会风尚。

3. 主动学习科学文化知识

"科技兴农"就是"知识兴农"。新型职业农民要多渠道地接受政府对于农业科学的思想教育、宣传，充分利用广播、电视、报纸、书刊、会议、培训等多种形式学习先进科学文化知识，同时将转变思想观念放在首位，适时抛弃传统的小农意识，走出安于现状、不思进取的误区。通过政府对于农村、农业发展多渠道的信息网络，积极学习市场供求趋势、农产品价格变动、农业新技术、新品种等方面的信息。只有不断接受教育，树立科学意识，爱科学、学科学、用科学，才能跟上社会发展的步伐。

第四节　土地流转知识

一、土地家庭承包经营权的流转

《中华人民共和国农村土地承包法》（以下简称《农村土地承包法》）规定，农户的土地承包经营权可以依法流转。在稳定农户的土地承包关系的基础上，允许土地承包经营权合理流转，是农业发展的客观要求。而确保家庭承包经营制度长期稳定，赋予农户长期而有保障的土地使用权，是土地承包经营权流转的基本前提。

1. 土地承包经营权流转的原则

（1）平等协商、自愿、有偿原则是根据《农村土地承包法》第三十三条规定，土地承包经营权的流转应当遵循该原则。尊重农户在土地使用权流转中的意愿，平等协商，严格按照法定程序操作，充分体现有偿使用原则，不搞强迫命令等违反农民意愿的硬性流转。流转的期限不得超过承包期的剩余期限，受让方须有农业经营能力，在同等条件下本集体经济组织成员享有优先权。

（2）不得改变土地集体所有性质、不得改变土地用途、不得损害农民土地承包权益（"三个不得"）。党的十七届三中全会审议通过的《中共中央关于推进农村改革发展若干重大问题的决定》中规定，上述"三个不得"是农村土地流转必须遵循的重大原则。农村土地归集体所有，土地流转的只是承包经营权，不能在流转中变更土地所有权属性，侵犯农村集体利益。实行土地用途管制是我国土地管理的一项重要制度，农地只能农用。在土地承包经营权流转中，农民的流转自主权、收益权要得到切实保障，转包方和农村基层组织不能以任何借口强迫流转或者压低租金价格，侵犯农民的权益。

2. 土地承包经营权流转的方式

依据我国《农村土地承包法》第三十七条规定，土地承包经营权的流转主要是以下几种方式：转包、出租、互换、转让、入股。

（1）转包。主要是指承包方把自己承包期内承包的土地，在一定期限内全部或部分转包给本集体经济组织内部的其他农户耕种。

（2）出租。主要是指承包方作为出租方，将自己承包期内承包的土地，在一定期限内全部或部分租赁给本集体经济组织以外的单位或个人，并收取租金的行为。

（3）互换。主要是指土地承包经营权人将自己的土地承包经营权交换给他人行使，自己行使从他人处换来的土地承包经营权。

（4）转让。主要是指土地承包经营权人将其所拥有的未到期的土地承包经营权以一定的方式和条件转移给他人的行为。

转让不同于转包、出租和互换。在转包和出租的情况下，发包方和出租方即原承包方与原发包方的承包关系没有发生变化，新发包方和出租方并不失去土地承包经营权。在互换土地承包经营权中，承包方承包的土地虽发生了变化，但并不因此而丧失土地承包经营权。而在土地承包经营权的转让中，原承包方与发包方的土地承包关系即行终止，转让方（原承包方）不再享有土地承包经营权。

（5）入股。指承包方之间为了发展农业经济，自愿联合起来，将土地承包经营权入股，从事农业合作生产。这种方式的土地承包经营权入股，主要从事合作性农业生产，以入股的股份作为分红的依据，但各承包户的承包关系不变。

3. 土地承包经营权流转履行的手续

（1）土地承包经营权流转实行合同管理制度。《农村土地承包经营权流转管理办法》规定，土地承包经营权采取转包、出租、互换、转让或者其他方式流转，当事人双方应签订书面流转合同。

农村土地承包经营权流转合同一式四份，流转双方各执一份，发包方和乡（镇）人民政府农村土地承包管理部门各备案一份。承包方将土地交由他人代耕不超过一年的，可以不签订书面合同。承包方委托发包方或者中介服务组织流转其承包土地的，流转合同应当由承包方或其书面委托的代理人签订。农村土地承包经营权流转当事人可以向乡（镇）人民政府农村土地承包管理部门申请合同鉴证。

乡（镇）人民政府农村土地承包管理部门不得强迫土地承包经营权流转当事人接受鉴证。

（2）农村土地承包经营权流转合同内容。农村土地承包经营权流转合同文本格式由省级人民政府农业行政主管部门确定。其主要内容有：①双方当事人的姓名、住所。②流转土地的名称、坐落、面积、质量等级。③流转的期限和起止日期。④流转方式。⑤流转土地的用途。⑥双方当事人的权利和义务。⑦流转价款及支付方式。⑧流转合同到期后地上附着物及相关设施的处理。⑨违约责任。

（3）农村土地经营权流转合同的登记。进行土地承包经营权流转时，应当依法向相关部门办理登记，并领取土地承包经营权证书和林业证书，同时报乡（镇）政府备案。农村土地经营权流转合同未经登记的，采取转让方式流转土地承包经营权中的受让人不得对抗第三人。

二、其他方式的承包

不宜采取家庭承包方式的荒山、荒沟、荒丘、荒滩（通常并称"四荒"）等农村土地，通过招标、拍卖、公开协商等方式承包的，属于其他方式承包。

1. 其他方式承包的特点

（1）承包方多元性。承包方可以是本集体经济组织成员，也可以是本集体经济组织以外的单位或个人。在同等条件下，本集体经济组织成员享有优先承包权。如果发包方将农村土地发包给本集体经济组织以外的单位或个人承包，应当事先经本集体经济组织成员的村民会议2/3以上成员或者2/3以上村民代表的同意，并报乡（镇）人民政府批准。

（2）承包方法的公开性。承包方法是实行招标、拍卖或者公开协商，发包方按照"效率优先、兼顾公平"的原则确定承包人。

2. 其他方式承包的合同

荒山、荒沟、荒丘、荒滩等可以通过招标、拍卖、公开协商等方式实行承包经营，也可以将土地承包经营权折股给本集体经济组织成员后，再实行承包经营或者股份合作经营。承包荒山、荒沟、荒丘、荒滩的，应当遵守有关法律、行政法规的规定，防治水土流失，保护生态环境。发包方和承包方应当签订承包合同，当事人的权利和义务、承包期限等，由双方协商确定。以招标、拍卖方式承包的，承包费通过公开竞标、竞价确定；以公开协商等方式承包的，承包费由双方议定。

3. 其他方式承包的土地承包经营权流转

通过招标、拍卖、公开协商等方式承包农村土地，经依法登记取得土地承包经营权证或者林权证等证书的，其土地承包经营权可以依法转让、出租、入股、抵押或者其他方式流转。与家庭承包取得的土地承包经营权相比较，少了一个转包，多了一个抵押。

土地承包经营权抵押，是指承包方为了确保自己或者他人债务的履行，将土地不转移占有而提供相应担保。当债务人不履行债务时，债权人就土地承包经营权作价变卖或者折价抵偿，从而实现土地承包经营权的流转。应注意我国现行法律只允许"四荒"土地承包经营权抵押，而大量的家庭承包方式下的土地承包经营权是不允许抵押的。

三、农村土地承包合同的主体

合同的主体包括合同的发包方和承包方。根据《农村土地承包法》第十二条规定，合同的发包方是农村集体经济组织、村委会或村民小组。合同的承包方是本集体经济组织的农户，签订合同的发包方是集体经济组织。发包方的代表通常是集体经济组织负责人。承包方的代表是承包土地的农户户主。

四、农村土地承包合同的主要条款

1. 农村土地承包合同条款

农村土地承包合同一般包括以下条款：①发包方、承包方的名称、发包方负责人和承包方代表的姓名、住所。②承包土地的名称、坐落、面积、质量等级。③承包期限和起止日期。④承包土地的用途。⑤发包方和承包方的权利和义务。⑥违约责任。

2. 承包合同存档、登记

承包的合同一般要求一式三份，发包方、承包方各一份，农村承包合同管理部门存档一份。同时，县级以上地方人民政府应当向承包方颁发土地承包经营权证或者林权证等证书，并登记造册，确认土地承包经营权。颁发土地承包经营权证或者林权证等证书，除按规定收取证书工本费外，不得收取其他费用。

五、农村土地承包合同当事人的权利义务

农村土地承包合同的当事人是发包方和承包方。

1. 发包方的权利和义务

（1）发包方的权利。

①发包本集体所有的或者国家所有由本集体使用的农村土地。

②监督承包方依照承包合同约定的用途合理利用和保护土地。

③制止承包方损害承包地和农业资源的行为。

④法律、行政法规规定的其他权利。

（2）发包方的义务。

①维护承包方的土地承包经营权，不得非法变更、解除承包合同。承包合同生效后，发包方不得因承办人或者负责人的变动而变更或者解除，也不得因集体经济组织的分立或者合并而变更或者解除。承包期内，发包方不得单方面解除承包合同，不得假借少数服从多数强迫承包方放弃或者变更土地承包经营权，不得以划分"口粮田"和"责任田"等为由收回承包地搞招标承包，不得将承包地收回抵顶欠款。

②尊重承包方的生产经营自主权，不得干涉承包方依法进行正常的生产经营活动。

③依照承包合同约定为承包方提供生产、技术、信息等服务。

④执行县、乡（镇）土地利用总体规划，组织本集体经济组织内的农业基础设施建设。

⑤法律、行政法规规定的其他义务。

2. 承包方的权利和义务

（1）承包方的权利。

①依法享有承包地使用、收益和流转的权利，有权自主组织生产经营和处置产品。

②承包地被依法征用、占用的，有权依法取得相应的补偿。

③法律、行政法规规定的其他权利。

（2）承包方的义务。

①维持土地的农业用途，不得用于非农业建设。

②依法保护和合理利用土地，不得给土地造成永久性损害。

③制止承包方损害承包地和农业资源的行为。

④法律、行政法规规定的其他义务。

六、农村土地承包合同纠纷的解决

在土地承包过程中，发包方和承包方难免发生一些纠纷，这些纠纷的解决途径有以下几种。

1. 协商

发包方与承包方发生纠纷后，能够协商解决争议，是纠纷解决的最好办法。这样既节省时间，又节省人力和物力，但是并不是所有的纠纷都可以通过协商的方式解决。

2. 调解

纠纷发生后，可以请求村民委员会、乡（镇）人民政府调解，也可以请求政府的农业、林业等行政主管部门以及政府设立的负责农业承包管理工作的农村集体经济管理部门进行调解；调解不成的，可以寻求仲裁或者诉讼途径解决纠纷。

3. 仲裁或诉讼

当事人不愿协商、调解或者协商、调解不成的，可以向农村土地承包仲裁机构申请仲裁。对仲裁不服的，可以向人民法院起诉。当然，当事人也可以不经过仲裁，直接向人民法院起诉。

第五章 农业职业技能

第一节 职业技能的内涵

一、职业技能的含义

技能是指掌握和运用专门技术的能力。新型职业农民所应具备的技能，是指在农业生产活动中应具备的劳动经验、生产技能，即必须掌握一定的农业科学技术。

二、提升农民职业技能的意义

当前，我国农村劳动力 95% 以上仍属于体力型和传统经验型农民，技能素质整体不高，这种状况导致农业边际生产力低下，制约了农业科技的推广和运用。

依靠科学技术来发展农业，已成为世界新一轮农业革命的支撑力量。但从现实来看，我国农民技能素质偏低的状况成为制约新农村建设、现代农业发展的最大障碍，农民技能素质成了决定农村"生产发展，生活宽裕"的关键因素。由于我国农民的科学文化素质偏低，导致我国农业科技成果没有得到推广和应用，没有转化为现实的生产力，没有给农民带来收益。

因此，全面提升农民的技能素质，既是促进农民增收、维护农村繁荣稳定的重要环节，又是提高农业竞争力、加快现代农业发展的源泉所在。

三、职业技能的提升途径

技能人才是农业农村人才队伍的重要组成部分，是解决"谁来种地，如何种地"问题的骨干力量，是推动农业产业结构调整的生力军，在发展现代农业和建设社会主义新农村中发挥着不可替代的重要作用。加强农民职业技能的提升主要有如下途径。

1. 强化新型职业农民培训的产业支撑

农业生产培训要树立务实管用的理念。当前，最迫切的就是要结合区域种植条件和农业发展环境，明确农民发展农业生产的实际需要和培养新型职业农民的定位，结合区域种植作物的生长特点等制订培训计划，适应农民生产需求，全面提高农民的职业技能素质。要强化培育新型职业农民的产业支撑和市场导向，结合区域发展条件选择市场前景好的重点农业产业进行培育，使新型职业农民的职业技能有施展的空间。

2. 分步实施技能培训

我国地域辽阔、区域农业发展环境差异很大，农民数量众多，对农民的职业技能培训不可能一蹴而就，要结合区域农业发展需求和现状，分区域、分类别进行教育培训，对于农业发展水平较高的地区，结合农业产业化发展需要，加强农民的种植机能、市场研判和经营管理能力培训，培养"有文化、懂技术、会经营"的新型职业农民；对于农业发展水平较低地区的农民，重点加强作物种植技能培训，这也是发展现代农业的基础条件，我国当前农业发展与发达国家相比整体水平不高，要加强农民应用生物科技进行种植的培训，通过对作物生长、产量等因素进行科学的分析和实验，使广大农民能切实掌握区域种植作物的生长特点、发育动态和与环境的关系等规律；要加强对农民作物种植理论知识的培育，使农民在掌握农作物生长发育规律、水分养分吸收规律、激素平衡和器官平衡等方面知识的基础上，总结高效、优质、高产农作物种植要点，并让广大农民掌握；要加强作物种植实际技能的培训，全面提高农民的农作物育苗移栽、多熟制配套栽培和抗旱、防虫技术水平；要加强对农民防灾抗灾能力培训，全面提高种植作物抗病虫害、抗干旱、抗涝渍害、抗霜冻等水平，最大限度提高作物产量。同时，要结合作物种植的发展趋势，加强对农民机械操作技能的培训，提高现代农业机械化作业水平；结合作物生长对土壤施肥的要求，选择合适的耕种方式并对农民进行专项培训，确保在控制土壤侵蚀的基础上改良土壤性质，合理施肥用药，节约灌溉水源，实现作物种植的优质高产；要结合区域种植条件，合理确定作物种植的密度等因素，提高农作物产量。

3. 进行科技技能培训

在搞好九年义务教育的同时，搞好农村的职业教育。加强农村的职业教育，重视对农业劳动力的技术和技能的培训工作，把提高农民的科技文化素质作为科教兴农、发展现代农业的一项重大举措。同时，"农民技能培训不能流于形式，要重实效"。通过科技下乡、技术服务、科技直通车等多种方式，对农民进行科技培训，为他们提供技术服务，提高农村劳动力的整体科技水平，以利于农业科技成果转化和农业先进技术的推广普及，拓展就业空间，提高农民致富本领，为农村的经济增长和提高农民收入水平奠定良好的基础。

4. 努力发展农业科技示范园区和农业科技企业

以建立农业科技示范园区和农业科技企业作为科研成果转化和农科教相结合的突破口，既可带动科技流、信息流、资金流向农村扩散，又能激发广大农民爱科技、学科技、用科技的热情，进而能有效地提高农民的科技文化素质。为此，农村可以根据现有农业资源分布、经济规模、设施完善程度等条件，努力发展农业科技示范园区和农业科技企业。

第二节　农业种植技术

一、农作物高产栽培技术

农作物高产栽培需抓好四个环节。

1. 选用良种

良种必须具有丰产性、稳产性、抗逆性。包衣好的种子播前晒种，无包衣的要用满适金包衣。

2. 全营养配方施肥

以有机肥为主、化肥为辅，配方施肥。氮磷钾合理配比，多施生物有机肥，补施硼、锌、铁等微肥。其中，商品有机肥、生物菌肥、使用微肥是今后施肥的方向。

3. 培育壮苗

（1）促早出苗、早生根。做好种子处理，用生物菌肥拌种，种肥适量，底墒充足，播深合理。

（2）早管理、早防病虫害。真叶展开后，防地老虎、防苗期立枯病、根腐病、猝倒病，用天达2116壮苗灵+天达恶霉灵连喷2~3次。如育苗，苗床喷淋满适金2~3次。若是夏季，苗期早喷蚜虱净+禾丰锌防治病毒病。

（3）促早返苗。如育苗移栽，移栽前，喷洒使百克+磷钾动力，提高成活率；移栽时，用生物菌肥+磷钾动力稀释液浇定植水，缩短返苗时间。

4. 促作物健壮生长

在作物生长前中期，结合防病治虫，每隔10~15天喷洒一次漯效王，可促健壮生长，搭好丰产架子；在作物生长中后期，结合防病治虫，每隔7~10天喷洒一次磷钾动力，可促进灌浆成熟。

5. 防灾减灾

（1）遇到药害时，及早喷洒海绿素+恶霉灵+红糖。

（2）遇到寒、热、旱、涝、苞等灾害时，及早喷洒海绿素或天达 2116+磷钾动力+红糖。

（3）防倒伏。

（4）防重大病虫害。要清楚各种作物常发的、为害较重的病虫害，及早预防。

6. 改善（确保）品质

鲜食类作物采收前 7~10 天，喷洒营养器官天达 2116 或海绿素，降解农药残留；根茎类作物生长后期，喷洒 2 次天达根喜欢 2 号或根茎型 2116+磷钾动力；贮藏类作物在贮藏前用使百功喷洒或浸泡营养器官，可杀菌保鲜。

二、测土配方施肥技术

测土配方施肥涉及面比较广，是一个系统工程。整个实施过程需要农业教育、科研、技术推广部门同广大农民相结合，配方肥料的研制、销售、应用相结合，现代先进技术与传统实践经验相结合，具有明显的系列化操作、产业化服务的特点。一般采用的测土配方施肥方法，主要有以下 8 个步骤。

1. 土样采集

土样采集一般在秋收后进行，采样的主要要求是：地点选择以及采集的土壤都要有代表性。从过去采集土壤的情况看，很多农民甚至有的技术人员对采样不够重视，不能严格执行操作程序。取得的土样没有代表性。采集土样是平衡施肥的基础，如果取样不准，就从根本上失去了平衡施肥的科学性。为了了解作物生长期内土壤耕层中养分供应状况，取样深度一般在 20 厘米，如果种植作物根系较长，可以适当加深土层。

取样一般以 50~100 亩面积为一个单位，当然，这也要根据实际情况而定，如果地块面积大、肥力相近的，取样代表面积可以放大一些；如果是坡耕地或地块零星、肥力变化大的，取样代表面积也可小一些。取样可选择东、西、南、北、中五个点，去掉表土覆盖物，按标准深度挖成剖面，按土层均匀取土。然后，将采得的各点土样混匀，用四分法逐项减少样品数量，最后留 1 千克左右即可。取得的土样装入布袋内，袋的内外都要挂放标签，标明取样地点、日期、采样人及分析的有关内容。

2. 土壤化验

土壤化验就是土壤诊断，要找县以上农业和科研部门的化验室。一般县农业技术推广中心都有这类化验室，土壤化验主要是由他们来承担。化验内容的确定，考虑需要和可能两个方面。按目前农民对化验费用的实际承受能力，只能选择一些相关性较大的主要项目。各地普遍采用的是五项基础化验，即碱解氮、速效磷、速效钾、有机质和 pH 值。这五项之中，碱解氮、速效磷、速效钾，是体现土壤肥力的三大标志性营养元素。有机质和 pH 值两项。可做参考项目，根据需要可针对性化验中、微量营养元素。土壤化验要准确、及时。化验取得的数据要按农户填写化验单，并登记造册，装入地力档案，输入微机，建立土壤数据库。

3. 确定配方

配方选定由农业专家和专业农业科技人员来完成。省里聘请了农业大学、农业科学院和土肥管理站的专家组成专家组，负责分析研究有关技术数据资料，科学确定肥料配方。各地的农业技术推广中心、土肥站负责本地的肥料配方。首先要由农户提供地块种植的作物及其规划的产量指标。农业科技人员根据一定产量指标的农作物需肥量、土壤的供肥量，以及不同肥料的当季利用率，选定肥料配比和施肥量。这个肥料配方应按测试地块落实到农户。按户按作物开方，以便农户按方买肥，"对症下药"。

4. 加工配方肥

配方肥料生产要求有严密的组织和系列化的服务。省里成立了平衡施肥技术产业协作网。这个协作网集行业主管部门、教育、科研、推广、肥料企业、农村服务组织于一体，实行统一测土、统一配方、统一供肥、统一技术指导，为广大农民服务。配方肥的生产第一关，要把住原料肥的关口，选择省内外名牌肥料厂家，选用质量好、价格合理的原料肥。第二关，是科学配肥，由县农业技术推广部门统一建立配肥厂。

5. 按方购肥

经过近些年推广测土配方施肥的实践，一些地方已经摸索出了配方肥的供应办法。县农业技术推广中心在测土配方之后，把配方按农户按作物写成清单，县推广中心、乡镇综合服务站、农户各一份。由乡镇农业综合服务站或县推广中心按方配肥销售给农户。科学本身是严格的，来不得半点马虎。大家都听说过美国正在搞精准农业，把农业生产技术像工业生产工艺规程那样管理。美国已有1/5左右的耕地采用卫星定位测土配方施肥。简单地说，他们按照不同土壤肥力条件，确定若干适应不同作物的施肥配方。当播种施肥机械田间作业时，由卫星监视机械行走的位置，并与控制施肥配方的电脑系统相联结，机械走到哪个土壤类型区，卫星信息系统就控制电脑采用哪种配方施肥模式。这种施肥是变量的、精确的，这是当今世界上最先进的科学施肥方法。现在搞的平衡施肥，应当说还是一个过渡阶段，但发展趋势越来越科学。一定要认真解决过去出现的"只测土不配方、只配方不按方买肥"的问题，全面落实平衡施肥操作程序、不断提高科学化水平。

6. 科学用肥

配方肥料大多是作为底肥一次性施用。要掌握好施肥深度，控制好肥料与种子的距离，尽可能有效满足作物苗期和生长发育中后期对肥料的需要。用作追肥的肥料，更要看天、看地、看作物，掌握追肥时机，提倡水施、深施，提高肥料利用率。

7. 田间监测

平衡施肥是一个动态管理的过程。使用配方肥料之后，要观察农作物生长发育，要看收成结果。从中分析，做出调查。在农业专家指导下，基层专业农业科技人员与农民技术员和农户相结合，田间监测，翔实记录，纳入地力管理档案，并及时反馈到专家和技术咨询系统，作为调整修订平衡施肥配方的重要依据。

8. 修订配方

平衡施肥测土一般每3年进行一次。按照测土得来的数据和田间监测的情况，由农业专家组和专业农业科技咨询组共同分析研究，修改确定肥料配方，使平衡施肥的技术措施更切合实际，更具有科学性。这种修改完全符合科学发展的客观规律，每一次反复都是一次深化提高。

三、农机深松技术

土壤深松就是把深处的土壤进行松动，深处是指犁底层以下25~40厘米处。松就是只松土不翻土。农机深松就是利用拖拉机与配套的深松机具，完成农田深松作业，不翻转土层，保持原有土壤层次，局部松动耕层土壤和耕层下面土壤的一种耕作技术。

1. 土壤深松的特点

一是打破犁底层而不翻转土壤，做到土层不乱，改善土壤耕层结构，降低土壤容重，促进土壤微生物活动，改善土壤理化性状，提高土壤供肥能力。二是提高土壤蓄水保墒能力，由于土壤耕层加深，能够蓄纳大量雨水、雪水，形成"土壤水库"增强对自然条件的使用调节能力，做到抗旱防涝。三是减少水土流失，通过深松加深土壤耕层，可减少径流，降低风蚀，水蚀造成的水土流失，促进农业可持续发展。四是改善土壤的固相、液相、气相比例等理化性能，促进农作物根系发育，增强吸收能力，根深苗壮，提高产量。

2. 土壤深松的必要性

从耕地情况看，长期采用旋耕或浅翻作业，在土壤耕作层与心土层之间形成一层坚硬的、封闭式的犁底层，厚度可达 8~12 厘米，它的总孔隙度比耕作层或心土层减少 10%~12%，阻碍了耕作层与心土层之间水、肥、气、热的连通性，降低了土壤的抗灾能力。同时，作物根系难以穿透犁底层，根系分布浅，吸收营养范围减少，抗灾能力弱，易引起倒伏早衰等，影响产量提高，实施农业深松作业，可以有效打破犁底层，改善土壤水、肥、气、热条件。

3. 农机深松适宜的地块

（1）农机深松适合绝大部分类型的土壤，特别适应于对中低产田的改造和不宜翻耕作业的土层浅地块。

（2）沙土地不宜深松作业，避免深松后水分渗透加快。

（3）土层较薄（小于 28 厘米）和土壤内有砖头树根地块不宜深松。

（4）重黏土地不宜全方位深松，但可以间隔深松。

4. 农机深松的时间

深松作业在春夏秋冬四个季节都可进行。一是春季玉米播种前深松。二是夏季小麦收获后深松施肥播种复式作业，可充分接纳雨水，防止地表径流，达到抗旱排涝的效果。三是秋季玉米收获后，秸秆粉碎、深松、旋耕、播种、镇压。冬小麦播种前深松要与播种后镇压浇冻水等措施配合使用，以增强抗旱保墒效果。四是冬季，闲置地块，一般冬前进行。

5. 深松作业的质量要求

（1）深松作业深度要大于 25 厘米（深松沟底到未耕地面的距离），深松行距不大于 70 厘米。

（2）犁底层破碎效果好，地表沟深不大于 10 厘米，深度一致误差不超过 2 厘米。

（3）深松旋耕作业要求，深浅一致，地面平整，土壤细碎，上实下虚，不重不漏，达到待播状态。

6. 深松机具的主要类型

（1）单一深松机。只有深松功能，机具结构简单，使用方便，配套动力要求不高，但需后续作业及时旋耕。

（2）振动深松机。该机深松铲为机械振动式，具有工作阻力小、松土性能好、动力消耗低、配套动力要求不高的特点，但机具结构较为复杂，维修保养部位多。

（3）全方位深松机。该机深松效果最好，犁底层打破彻底，但需动力大。

（4）深松旋耕机。该机为深松和旋耕合为一体机，既可单独深松或旋耕，又可复式作业，工作效率高，但需配套动力大（90 马力以上），是目前主要推广机具。

（5）深松施肥播种机。该机可实现深松、播种、施肥等联合作业，工作效率高，主要适合夏季深松播种玉米使用。

（6）深松分层施肥免耕播种机。该机可实现深松、播种、施肥联合作业，主要特点是播种、施肥、深松在同一行内，复合缓释肥是在种子侧下方，施肥深度在 10~25 厘米，可为作物不同生长阶段提供营养。

四、农作物病虫害防治技术

人们在与有害生物的长期斗争过程中，创造了多种多样的防治方法，逐步认识到任何单一的防治方法，都难以达到满意的效果。因此，要想安全、经济、有效地控制有害生物的为害，就必须实行综合防治。具体有以下几大类，即植物检疫、农业防治、生物防治、物理机械防治及化学防治。

1. 植物检疫

植物检疫就是利用法律（如植物检疫条例及其实施细则、河北省植物检疫办法等）的力量，防止危险性病、虫、杂草随同植物及植物产品（如种子、苗木、块茎、块根、植物产品的包装材料等）传播蔓延，保障农业安全生产和保证对外贸易顺利发展所采取的一项重要措施。

严格禁止带有检疫对象的种子、苗木和农产品从疫区（即凡属局部发生的检疫对象，就将其一发生的地区划为"某种植物检疫对象的疫区"）向外调运，并要求在疫区内加强防治，逐步压缩发生面积，力争最终彻底消灭。与此同时，严格禁止带有检疫对象的种子、苗木和农产品等调运入保护区（即已发生相当普遍的检疫对象，就将尚未发生的地区划为"防止传入某种植物检疫对象的保护区"），或经熏蒸等处理彻底后才准进入。疫区和保护区的划定或撤销，都由省或市级农业主管部门提出，报同级政府批准。

2. 农业防治

农业防治是根据有害生物、作物、环境条件三者之间的关系，通过农业栽培技术措施，有目的地改变农田生态环境，使之有利于作物生长发育和有益生物的增殖，而不利于有害生物的发生为害，从而达到避免或减轻病虫的为害，保护作物增产的目的。这是一种经济、简便、安全、有效的防治方法。

（1）抗性品种的培育与利用。各地的生产实践证明，利用抗性品种防治病虫害，是最经济而有效的方法。20世纪90年代，棉花上棉铃虫一度暴发成灾，后逐渐推广种植转BT基因抗虫杂交棉，棉铃虫的发生逐步得以控制，发生程度逐年下降，到目前为止棉铃虫的防治已不像当年那样。

（2）改变耕作栽培制度。耕作栽培制度的形成需要一个过程，一旦形成则有一个相对稳定的阶段。这种相对稳定的耕作栽培制度，构成了农田特定的农田生态环境，决定着与之相适应的病虫害群落，是病虫害定居和发生的基础。因此，随着耕作栽培制度的改变，必将引起农田生态环境的变化，必将导致病虫害群落特别是优势种群的变动，促使某些病虫害数量的上升，另一些病虫害数量的下降，从而出现病虫害发生发展的新特点，特别是在改制之初，新旧耕作制度处于更替并存的过渡阶段，这种情况尤为突出。

（3）合理调整作物品种的布局。品种的布局与病虫害的发生轻重有着非常密切的关系。由于作物各品种间的生育特性差异较大，反映在病虫害的基础食料上，就有明显的质和量的差别，直接影响了病虫害的种群消长。例如在稻区，利用水稻品种的多样性，可有效地控制稻瘟病的发生与为害。在抗虫棉种植区，插花种植一定比例的非抗虫棉，对于棉铃虫的发生与防治有着十分重要的作用。棉田内间、套种作物的种类多、面积大时，对于棉田盲蝽、棉叶螨、蚜虫等的发生都非常有利。

（4）切实加强田间管理。

①翻耕整地。这不仅是农业生产上一项必不可少的措施，而且对于防治某些病虫害的猖獗也是关键的一环。因为它可以直接破坏一些病虫在土内越冬越夏的场所，杀灭这些病虫的侵染来源。例如冬耕春翻地块，棉铃虫的有效越冬蛹比未耕翻的要少60%~70%。

②科学管水。土壤含水量的多少通常是一些病虫害发生轻重的重要原因，同时也是影响作物生长的关键因素。在蔬菜育苗期间，苗床四周开沟畅通，排水良好，通常不易诱发苗期病害的发生。在稻区，冬后灌水可使二化螟的越冬幼虫和蛹在短时间内大量窒息死亡，在水稻生长期间，及时排水，可明显降低稻飞虱的产卵与为害。

③中耕除草。中耕除草是田间管理的一项重要内容，它不仅

可以起到松土灭草、保水保肥、促根壮秆、早生快发的作用，还可以直接或间接地影响病虫害的发生，特别是对于一些土栖害虫，能起到一定的防治作用。如在棉铃虫化蛹羽化盛期，对棉田进行中耕，可破坏棉铃虫的蛹室，使之不能安全化蛹、羽化而引起死亡。早春旱地作物田间，及时铲除田间杂草，可减少田间小地老虎和蜗牛等的发生与为害。

④合理施肥。施肥也是田间管理的主要内容。作物要想获得高产，就必须施足肥料，但多肥就不一定能够高产，关键在于"合理"两个字。对于病虫害来说，施肥得当，可以控制或减轻一些病虫的发生；施肥不当，则往往会引起病虫害的暴发，加重了为害程度。例如，稻田施用石灰和草木灰可直接杀死蓟马、负泥虫、飞虱、叶蝉等害虫；在棉铃虫产卵盛期，田间喷施1%过磷酸钙浸出液作根外追肥，能迫使成虫集中产卵，减少药治面积；相反，大量施用未充分腐熟的厩肥，常会导致某些地地下害虫如蝼蛄、蛴螬等的猖獗，以及诱导种蝇成群飞来产卵，造成严重为害。当施肥过多过量时，特别是氮肥，不仅引起作物疯长，还为一些病害的发生营造了良好的生境。例如，玉米田后期长势过旺，贪青晚熟，常会引起大斑病的发生；稻田氮肥过量时，稻株疯长，田间阴蔽度高，易诱发纹枯病的发生，更加重了稻飞虱的发生与为害。

⑤整枝去杈。结合田间栽培管理，及时除去无效枝、叶，不仅可以促进作物的生长同时对于病虫害的发生有较好的抑制作用。据调查，及时除去棉花的空枝、叶枝，摘去棉株顶心、边心，抹去赘芽等，可使二三代棉铃虫卵量减少 10.0%~30.2%，幼虫减少 9.6%~15.1%；四代卵量减少 20.6%~40.5%，幼虫减少 10.1%~20.3%。除去田间油菜植株上的病、黄、老叶，可大大减轻田间油菜菌核病的发生。

⑥清洁田园。作物的遗株、枯枝、落叶、残果等残余物中，

往往潜藏着很多有害生物，并为某些有害生物提供良好的越冬越夏场所，成为它们侵染为害的重要来源。在果园，掉落在地下的果实上由不少的病虫在其上寄生；在稻田，稻桩内有大量的越冬二化螟幼虫及梨锈病的冬孢子。田间发现病株时，及时拔除病株，并带出田外集中处理。

在生产实践上，作物高产与病虫发生，总有一定的矛盾。一般来说，作物产量越高，病虫害的矛盾越突出。故此，单靠农业防治，已达不到完全控制病虫为害的目的，必须结合其他有效的防治措施，才能确保作物的高产。

3. 生物防治

生物防治就是利用有益生物及其代谢产物和基因产品等来控制有害生物发生与为害的方法。在自然状况下，凡是有害生物存在的地方，都会有一定数量的天敌并存，在不受干扰的生态条件下，天敌对控制病虫害常起着重要的作用。虫害主要是通过以虫治虫、以菌治虫和有益生物的利用，病害主要是通过物种间的竞争、抗菌、重寄生、交叉保护剂诱发抗性等作用，来抑制某些病原物的存活和活动。

（1）天敌的保护与利用。要充分利用天敌的自然控制作用，减轻药剂防治的压力。一是前期害虫的防治，应针对性选择专性较强的药剂，严格按防治标准施药，局部挑治，尽可能推迟第一次大面积喷药时间，促进害虫天敌群落的及早建立与稳定发展；二是改变施药方法，实行局部、隐蔽施药。

（2）生物农药的利用。利用病原微生物或其代谢产物来防治病虫害，已越来越被广大农民接受和重视，成功的例子也很多。如利用 BT 生物农药、阿维菌素、病毒制剂等防治多种害虫，井冈霉素、农用链霉素等的应用。

（3）其他有益生物的利用。如稻田养鸭治虫、保护青蛙、益鸟等。

4. 物理机械防治

物理机械防治就是应用各种物理因子、机械设备以及多种工具来防治病虫。包括光学、电学声学、力学、放射物理等范畴。主要有以下方面。

（1）器械捕杀。如粘虫网、粘虫板等。

（2）诱集（杀）。利用害虫的趋性，采用适当的方法诱集害虫，然后进行处理杀死。如灯光、性诱剂诱杀棉铃虫、二化螟等；糖醋液诱杀黏虫、斜纹夜蛾、小地老虎等；蜗牛敌（多聚乙醛）诱杀蜗牛等。

（3）阻隔法。根据病原有害生的活动规律，设置适当的障碍物，防止有害生物为害或组织蔓延。如果园中采取果实套袋的方法，可防止多种害虫的为害；树干上涂胶，可防止下部害虫上树为害；树干刷白，既可防止冻害，减轻病害的发生，又能阻止天牛产卵；蔬菜基地利用防虫网，既能防止蚜虫等害虫的迁入，又能避免因蚜虫而引起的病毒病的发生。

5. 化学防治

使用农药来防治病虫害由来已久，它具有见效快、工效高、不受时间、地域限制的特点，因而在病虫害的综合治理中一直占有重要位置。在病虫的综合治理中，如何发挥化学防治的长处和限制其短处，是防治病虫害中的一个热门课题。

（1）加强预测预报。病虫害预测预报是其防治工作的基础，它为适时开展化学防治提供科学的理论依据，是指导大面积病虫防治的基础。只有在加强田间调查的基础上，才能够及时掌握田间病虫的发生动态和消长规律，才能使病虫防治做到有的放矢。一方面要加强对农作物病虫害预测预报的研究，努力提高预测预报的技术，另一方面政府部门要加大对预测预报的投入，健全县、乡、村三级测报网络，加强网络建设，提高测报人员的业务水平，改善测报的环境条件和手段，保证测报队伍的稳定和质量。

（2）科学选用农药。科学选用农药的关键在于选用对路农药品种。当前市场上供应的农药品种很多，但全部都是针对一种病虫或几种病虫有效，对不属于其防治对象的病虫种类是无效的，现在还没有一种农药对什么病虫都有效。所以必须要向农技人员咨询，根据田间病虫害发生的种类选择高效低毒对路药剂，切不可盲目乱用农药。

（3）合理使用农药。大力推广生物农药，并提倡与化学农药混合使用，尽量避免单剂与复配制剂以及复配制剂之间的混用，不同农药品种间要现配现用，同时要做到交替轮换使用，同一农药品种每代只用1次，全年不得超过3次。

为了提高农药的田间防治效果，施药必须满足以下4点基本要求。

第一，喷雾对水量要足，喷洒要均匀周到。目前农民普遍使用工农-16型手动喷雾器，喷头片出水孔直径为量1.3~1.7毫米。不少农民为了省工，每亩田通常只喷一药桶水，12~15千克。有的为了快速喷完药液，随意将喷头下掉，进行粗水喷雾，这些做法，都不科学，会导致喷洒药液不均匀，甚至漏喷，从而降低防效，特别是一些内吸性不强的杀虫剂和杀菌剂，病虫没有直接接触到药液，防效很差。另外，由于用水量过少，药液浓度太高，也容易造成施药人员中毒、作物产生药害。因此，使用常规手动喷雾器喷药，在作物旺长期喷药，要求每亩对水量：杀虫不少于50千克，防病不少于60千克。

第二，防治水稻田害虫，田里应保持浅水层3~5天。如防治稻飞虱、稻纵卷叶螟和螟虫时，田里有水，害虫的为害部位就升高一些，增加了农药与病虫接触的机会；喷洒的农药落在田水里，对转株为害而落入水中的害虫也有杀伤作用；一些有内吸作用的农药，在有水的条件下，更易被稻株吸收或渗透至茎叶里，并传导到稻株的各部位而发挥杀虫防病作用。因而，施药时田里保持浅水层，能显著提高防治病虫的效果。

第三，要对准病虫的主要为害部位喷药。各种害虫都有特定的生活习性，病菌有最佳侵入部位，对栖息和为害作物的部位都有一定的选择性。如稻飞虱，主要群集于稻株的下部为害；1代二化螟幼虫主要为害叶鞘，防治这类害虫，应采取压低喷头粗水喷雾的方法，让药液集中到水稻苋部，防效最好。又如棉花害虫，苗期的蚜虫、棉红蜘蛛大都集中在叶片的背面取食，喷药的重点部位在叶子背面；棉铃虫喜欢在嫩头及嫩叶正面产卵，2龄前的幼虫多集中在嫩叶附近的幼蕾上为害，2龄以后才为害青铃；斜纹夜蛾卵块主要产在中上部叶片的背面，初孵幼虫群集为害，3龄后转株分散为害。掌握这些规律，对准害虫主要为害部位喷药，是提高药剂防治效果必不可少的基础知识。

第四，高温、高湿天气不宜施药。在气温高达40~50℃，此时喷出的药液极易挥发降解，损失药效，而且施药人员不可避免地要吸入大量的农药气体，非常容易发生中毒事故。因此，高温季节的11—14时不宜施药，在高湿的情况下，作物表皮的气孔大多张开，如在此时施药，最容易产生药害。最佳的施药时间为晴天16时至天黑前，这段时间植物的叶片吸水力最强，尤其是对有内吸作用的农药，提高防效显著。同时，气温低，药剂降解慢，挥发量小，对施药人员较安全，对一些喜在夜间取食的害虫提高防效明显。

第三节　农业养殖技术

一、稻渔综合种养

稻渔综合种养是根据生态循环农业和生态经济学原理，将水稻种植与水产养殖有机结合，通过对稻田实施工程化改造，构建稻—渔共生互促系统，并通过规模化开发、集约化经营、标准化生产、品牌化运作，能在水稻稳产的前提下，大幅度提高稻田综合经济效益，提升稻田产品质量安全水平，改善稻田的生态环境，是一种具有稳粮、促渔、增效、提质、生态等多方面功能的现代生态循环农业发展新模式。

1. 养鱼稻田的准备

（1）加高加宽田埂（田基）。田埂加高至 0.5 米，田埂顶部宽 0.3 米，底部宽 0.5 米，利用开鱼凼的土方进行加高加固，田埂层层夯实。有条件的可在田埂内侧和顶部用混凝土现浇护坡（厚度为 12 厘米），保证不漏水、不垮塌。

（2）开挖鱼沟和鱼凼（也称鱼溜）。稻田开设鱼沟，宽 0.8~1.0 米，深 0.5~0.8 米，占稻田总面积的 10%~15%，其形状根据水田面积划定，面积大的水田开挖成"井""田""目"字形，小的农田（1 亩以下）简单一点，开成"日""十"字形。鱼凼一般建在田中央或者田对角，鱼凼占总面积的 5%~10%，深 1.0~1.5 米，形状可为正方形、圆形或椭圆形，四周侧面硬化护坡。

（3）进、出水口及拦鱼设置。为便于水体交换，进出水口要对开。拦鱼材料可用竹、木、尼龙网、铁丝网制作，安装时呈弧形，以增大流水面，凸面朝向田内，上沿略高于田埂，安装牢固，有条件的可用混凝土预制板修建进水口和排水口。

2. 水稻栽培与鱼种放养

（1）水稻栽培。在鱼沟、鱼凼以外的水稻种植区进行人工插秧，插秧密度为 10 万~15 万株/公顷。

（2）适养品种。适合稻田养殖的品种有鲤、鲫、草鱼、福寿鱼、白鲢、泥鳅、黄鳝、塘虱、河虾、河蟹、蛙、田螺等。

（3）鱼种放养。养鱼稻田做犁耙时施足基肥，插禾后 7 天左右放鱼。每亩稻田放优质鲤鱼、鲫鱼、福寿鱼等 200~300 尾。

过段时间再增放数百尾鲤鱼秋子搭配养殖，供第二年鱼种放养需要。

3. 饲养管理

（1）水的管理。在水稻生长期间，稻田水深应保持在 5～10 厘米；随水稻长高，鱼体长大，可加深至 15 厘米；收割稻穗后田水保持水质清新，水深在 50 厘米以上。

（2）防逃。平时经常检查拦鱼栅、田埂有无漏洞，暴雨期间加强巡察，及时排洪、清除杂物。

（3）投饲。鲤鱼、鲫鱼都是杂食性鱼类，平常以水里、泥底的小动物、水田青草、杂草为食物，当稻田养鱼较多时，可人工补充投喂一些常见的饲料。

二、膨化饲料投喂技术

1. 投喂量的确定

饲料投喂技术，首先是确定投喂量，既要满足鱼生长的营养需求，又不能过量，过量投喂不仅造成饲料浪费，增加成本，且污染水质，影响鱼的正常生长。因此，饲料投喂量的确定是投喂技术中的重要环节。

（1）日投喂量的确定。在生产中，确定日投喂量有两种方法：饲料全年分配法和投喂率表法。

①饲料全年分配法。首先按池塘或网箱等不同养殖方式估算全年净产量，再确定所用饲料的饲料系数，估算出全年饲料总需要量，然后根据季节、水温、水质与养殖对象的生长特点，逐月、逐旬甚至逐天地分配投饲量。

②投喂率表法。即参考投喂率和池塘中鱼的重量来确定日投喂量（即日投喂量—池塘鱼的重量×投喂率，池中鱼的重量可通过抽样计算获得）。此外，还应根据鱼的生长情况和各阶段的营养需求，可在 1 周左右对日投喂量进行 1 次调整，这样才能较好

满足鱼的生长需求。

（2）每次投喂量的确定。对一些抢食不快或驯化不好的养殖鱼，一般用平均法确定每次的投喂量（即每次投喂量＝日投喂量÷日投喂次数）。驯化较好的鱼摄食一般是先急速，后缓和，直到平静；先水面，后水底；先大鱼，后小鱼；先中间，后周边。每次投喂应注意观察鱼的摄食情况，当水面平静，没有明显的抢食现象，80%的鱼已经离去或在周边漫游没有摄食欲望时，停止投喂。

影响鱼摄食的因素很多，如光线强弱、人类活动等。但从水质理化环境分析，在水质环境良好的条件下，影响投喂量的主要因子是水温和溶氧量。

（3）水温与投喂量。鱼类是变温水生动物，水温是影响鱼类能量代谢最主要的因素之一。在一定的水温范围内，鱼类的能量代谢将随水温的升高而增大，超出这个范围，其代谢又趋于下降，如鲤鱼（50~100克）的摄食率在15℃时为2.4%，20℃时为3.4%，25℃时为4.8%，30℃时为6.8%。所以，在掌握好基础投喂率的前提下，日投喂量应根据水温的变化情况加以增减。

（4）溶氧量与投喂量。水体溶氧量的高低直接影响鱼类的摄食量和消化吸收能力的大小。水中的溶氧含量高，鱼类的摄食旺盛，消化率高，生长快，饲料利用率也高；水中的溶氧含量低，鱼类由于生理上的不适应，使摄食和消化率降低，并消耗较多的能量。因此生长缓慢，饲料率低下。

2. 投喂次数和投喂方法

（1）投喂次数。投喂次数是指当天投饲确定以后，一天之中分几次来投喂。这同样关系饲料的利用率和鱼类的生长。投喂过频，饲料利用率低；投喂次数少，每次投喂量必然很大，饲料损失率也大。投喂次数主要取决于鱼类消化器官的发育特征和摄食特征及环境条件。我国主要淡水养殖鱼类，多属鲤科鱼类的

"无胃鱼"，摄食饲料由食管直接进入肠内消化，一次容纳的食物量远不及肉食性有胃鱼类。因此，对草鱼、团头鲂、鲤鱼、鲫鱼等无胃鱼，采取多次投喂，有助于提高消化吸收和提高饲料效率，一般每天投喂 4~5 次，肉食性鱼类对食物有较好的储存能力，日投喂量应控制在 2~3 次。同种鱼类，鱼苗阶段投喂次数适当多些，鱼种次之，成鱼可适量少些；饲料的营养价值高可适当少些，营养价值低可适当多些；水温和溶氧高时，可适当多些，反之则减少投喂或停止投喂。

（2）投喂方式。配合饲料投喂一般有人工投喂和机械投喂两种。一般人工投喂需控制投喂速度，投喂时要掌握两头慢中间快，即开始投喂时慢，当鱼绝大多数已集中抢食时快速投喂，当鱼摄食趋于缓和，大部分鱼几乎吃饱后要慢投，投喂时间一般不少于 30 分钟，对于池塘养鱼和网箱养鱼人工投喂可以灵活掌握投喂量，能够做到精心投喂，有利提高饲料效率，但费时、费工。大水面养殖最好采用机械投喂，即自动投饲机投喂，这种方式可以定时、定量、定位，同时具有省时、省工等优点，但是利用自动投饲机不易掌握摄食状态，不能灵活控制投喂量。

（3）投喂方法。池塘或大水面选择上风处定点投喂，可用毛竹或 PVC 管圈成正方形或三角形，将膨化水产饲料投入其中。在网箱养殖或流水养鱼中，必须采取一些特殊措施，如将投饵点用网片、PVC 管圈围等方法，预防浮性饲料浪费。

三、畜禽养殖废弃物资源化循环利用技术

1. 冬季非采暖系统猪牛粪高效繁殖蚯蚓技术

将猪牛粪以 3:1 混合，混合物料孔隙度、水分和碳氮比分别调节到 40%、55% 和 30:1 左右，在大棚内或普通房间内进行被动通风堆肥，利用发酵产热维持蚯蚓养殖所需温度。在堆肥中埋置蚯蚓培养箱，箱体底部开孔，以塑料管导入新鲜空气，物料

箱体内蚯蚓养殖在保证温度的情况下，不会受堆肥产生的有害气体影响，有利于蚯蚓繁殖和生长。

2. 猪牛粪和沼渣养殖蚯蚓采用分阶段饲养技术

孵化期蚯蚓茧孵化采用"20%牛粪+80%沼渣"基质组合；幼年蚯蚓则采用基质组合"20%猪粪+80%牛粪"；成年蚯蚓产茧期采用"40%沼渣+60%猪粪"基质组合，蚯蚓最大生物量的物料添加间隔时间为7天。

3. 高温好氧发酵技术

将畜禽粪便与秸秆、菌渣按一定比例进行混合，加入高温好氧发酵菌种，装入自旋式高温发酵罐，利用外加热使发酵物料温度达到高温好氧发酵菌种繁殖的适宜范围。升温后关闭外部加热，生物热维持发酵物料在70~80℃，降低物料水分，杀灭有害生物，罐体保持自旋使物料充分发酵分解，经24小时后出仓进行二次发酵处理，再经过4~5天充气散热降至常温后，筛选分装制成有机肥成品。

4. 病死畜禽高温化制技术

利用高温化制设备将病死畜禽通过高温高压干法处理、烘干处理和脱脂处理后制成工业用油与生物有机肥。同时，通过对密闭管道进行改进，采用真空冷凝回收技术，处理化制过程中产生的有毒有害气体，有效防治了二次污染，使用稳定保压泄压装置，实现压力稳定，排除生产操作过程中的安全隐患。

5. 种养结合循环利用模式

主要采取沼液就地还田形式实现。该技术首先在养殖场实施标准化建设，实现舍外雨污分离、舍内干湿分离、净道与污道分离，其次养殖场配套建设沼气池和沼液输送管网，种植基地配套建设储存池和滴灌系统；最后养殖场生产规模与种植基地消纳能力相结合，实现沼液还田与物联网技术相结合。

6. 病死畜禽全域集中无害化处理模式

由养殖业主、无害化处理公司、保险公司与动物卫生监督机构四方联动实现，通过创建病死畜禽集中无害化处理的"3+1"模式，针对病死畜禽报告、收集、运输、处理和监管环节制定技术规范，病死畜禽处理后产物用作生物有机肥原料和化工原料，并将产生的废气采用冷凝回收+生物降解处理后用于绿化浇灌，实现了病死畜禽无害化处置的全程无二次污染。

7. 畜禽养殖废弃物减量化技术

首先，通过引进推广良种畜禽、优质全价配合饲料、先进的饲养管理技术和自动化设施设备，提高畜禽生产效率和出栏率，降低存栏量，减少畜禽粪污总产生量。随后，通过畜禽养殖标准化示范创建，调控养殖环境，强化重大动物疫病的防控，控制疾病发生，降低死亡率，减少病死畜禽的产生量。

第六章　创办新型农业经营主体

第一节　熟悉强农惠农政策

为便于广大农民了解国家强农惠农政策，发挥政策引导的作用，农业农村部、财政部联合发布了重点支农政策（农业补贴）。现将2019年农业农村部、财政部实施的重点支农政策介绍如下。

一、农业生产发展与流通

1. 耕地地力保护补贴

补贴对象原则上为拥有耕地承包权的种地农民。补贴资金通过"一卡（折）通"等形式直接兑现到户。各省（自治区、直辖市）继续按照《财政部、农业部关于全面推开农业"三项补贴"改革工作的通知》（财农〔2016〕26号）要求，并结合本地实际具体确定补贴对象、补贴方式、补贴标准，保持政策的连续性、稳定性，确保广大农民直接受益。鼓励各地创新方式方法，以绿色生态为导向，探索将补贴发放与耕地保护责任落实挂钩的机制，引导农民自觉提升耕地地力。

2. 农机购置补贴

各省（自治区、直辖市）在中央财政农机购置补贴机具种类范围内选取确定本省补贴机具品目，实行补贴范围内机具应补尽补，优先保证粮食等主要农产品生产所需机具和支持农业绿色发展机具的补贴需要，增加畜禽粪污资源化利用机具品目。对购买国内外农机产品一视同仁。补贴额依据同档产品上年市场销售均价测算，原则上测算比例不超过30%。

3. 优势特色主导产业发展

围绕区域优势特色主导产业，着力发展一批小而精的特色产业集聚区，示范引导一村一品、一镇一特、一县一业发展。选择地理特色鲜明、具有发展潜力、市场认可度高的200个地理标志农产品，开展保护提升。实施绿色循环优质高效特色农业促进项目，形成一批以绿色优质农产品生产、加工、流通、销售产业链为基础，集科技创新、休闲观光、种养结合的农业产业集群。承担任务的相关省份从中央财政下达预算中统筹安排予以支持。

4. 国家现代农业产业园

立足优势特色产业，聚力建设规模化种养基地为依托、产业化龙头企业带动、现代生产要素聚集、"生产+加工+科技"的现代农业产业集群。继续创建一批国家现代农业产业园，择优认定一批国家现代农业产业园，着力改善产业园基础设施条件，提升公共服务能力。创建工作由各省（自治区、直辖市）负责，中央财政对符合创建条件的安排部分补助资金，通过农业农村部、财政部认定后，再视情况安排部分奖补资金。

5. 农业产业强镇示范

以乡土经济活跃、乡村产业特色明显的乡镇为载体，以产业融合发展为路径，培育乡土经济、乡村产业，规范壮大生产经营主体，创新农民利益联结共享机制，建设一批产业兴旺、经济繁荣、绿色美丽、宜业宜居的农业产业强镇。中央财政通过安排奖补资金予以支持。

6. 信息进村入户整省推进示范

2019年支持天津、河北、福建、山东、湖南、广西、云南7个省（自治区、直辖市）开展示范。加快益农信息社建设运营，尽快修通修好覆盖农村、立足农业、服务农民的"信息高速公路"。信息进村入户采取市场化建设运营，中央财政给予一次性奖补。

7. 奶业振兴行动

重点支持制约奶业发展的优质饲草种植、家庭牧场和奶业合作社发展。加快发展草牧业，积极推进粮改饲，大力发展苜蓿、青贮玉米、燕麦草等优质饲草料生产，促进鲜奶产量增加、品质提升。将奶农发展家庭牧场、奶业合作社等纳入新型经营主体培育工程进行优先重点支持，支持建设优质奶源基地。承担任务的相关省份从中央财政下达预算中统筹安排予以支持。

8. 畜牧良种推广

在内蒙古、四川等8个主要草原牧区省份，对项目区内使用良种精液开展人工授精的肉牛养殖场（小区、户），以及存栏能繁母羊、牦牛能繁母牛养殖户进行补助。鼓励和支持推广应用优良种猪和精液，加快生猪品种改良。在黑龙江、江苏等10个蜂业主产省，实施蜂业质量提升行动，支持建设高效优质蜂产业发展示范区。承担任务的相关省份从中央财政下达预算中统筹安排予以支持。

9. 重点作物绿色高质高效行动

以重点县为单位，突出水稻、小麦、玉米三大谷物和大豆及油菜、花生等油料作物，集成推广"全环节"绿色高质高效技术模式，探索构建"全过程"社会化服务体系和"全产业链"生产模式，辐射带动"全县域"生产水平提升，增加绿色优质农产品供给。承担任务的相关省份从中央财政下达预算中统筹安排予以支持。

10. 农业生产社会化服务

支持农村集体经济组织、专业化农业服务组织、服务型农民合作社、供销社等具有一定能力、可提供有效稳定服务的主体，为从事粮棉油糖等重要农产品生产的农户提供农技推广、土地托管、代耕代种、统防统治、烘干收储等农业生产性服务。财政给予适当补助，降低农户的服务价格。

11. 农机深松整地

支持适宜地区开展农机深松整地作业，全国作业面积达到1.4亿亩以上，作业深度一般要求达到或超过25厘米，打破犁底层。承担任务的相关省份从中央财政下达预算中统筹安排予以支持。东北四省区及广西壮族自治区可根据农业生产实际需要，在适宜地区开展农机深翻（深耕）作业补助。

12. 耕地轮作休耕制度试点

2019年，中央财政支持轮作休耕试点面积为3 000万亩。其中，轮作试点2 500万亩，主要在东北冷凉区、北方农牧交错区、黄淮海地区和长江流域的大豆、花生、油菜产区实施；休耕试点500万亩，主要在地下水超采区、重金属污染区、西南石漠化区、西北生态严重退化地区实施。

13. 产粮大县奖励

对符合规定的常规产粮大县、超级产粮大县、产油大县、商品粮大省、制种大县、"优质粮食工程"实施省份给予奖励。常规产粮大县奖励资金作为一般性转移支付，由县级人民政府统筹安排；其他奖励资金按照有关规定用于扶持粮油产业发展。

14. 生猪（牛羊）调出大县奖励

包括生猪调出大县奖励、牛羊调出大县奖励和省级统筹奖励资金。生猪调出大县奖励资金和牛羊调出大县奖励资金由县级人民政府统筹安排用于支持本县生猪（牛羊）生产流通和产业发展，省级统筹奖励资金由省级人民政府统筹安排用于支持本省（自治区、直辖市）生猪（牛羊）生产流通和产业发展。

15. 玉米、大豆和稻谷生产者补贴

在辽宁、吉林、黑龙江和内蒙古实施玉米及大豆生产者补贴。中央财政将玉米、大豆生产者补贴拨付到省区，由地方政府制定具体的补贴实施办法，明确补贴标准、补贴对象、补贴依据等，并负责将补贴资金兑付给玉米、大豆生产者。为支持深化稻谷收储制度和价格形成机制改革，保障农民种粮收益基本稳定，国家继续对有关稻谷主产省份给予适当补贴支持。

二、农业资源保护利用

16. 草原生态保护补助奖励

在内蒙古、四川、云南、西藏、甘肃、宁夏、青海、新疆8个省（自治区）和新疆生产建设兵团实施禁牧补助、草畜平衡奖励；在河北、山西、辽宁、吉林、黑龙江和黑龙江省农垦总局实施"一揽子"政策和绩效评价奖励，补奖资金可统筹用于国家牧区半牧区县草原生态保护建设，也可延续第一轮政策的好做法。

17. 渔业增殖放流

在流域性大江大湖、界江界河、资源退化严重海域等重点水域开展渔业增殖放流，促进恢复或增加渔业种群的数量，改善和优化水域的渔业种群结构，实现渔业可持续发展。

18. 渔业发展与船舶报废拆解更新补助

按照海洋捕捞强度与资源再生能力平衡协调发展的要求，支持渔民减船转产和人工鱼礁建设，促进渔业生态环境修复。适应渔业发展现代化、专业化的新形势，在严控海洋捕捞渔船数和功率数"双控"指标、不增加捕捞强度的前提下，有计划升级改造选择性好、高效节能、安全环保的标准化捕捞渔船。同时，支持深水网箱推广、渔港航标等公共基础设施，改善渔业发展基础条件。

19. 长江流域重点水域禁捕补偿

中央财政采取一次性补助与过渡期补助相结合的方式，对长江流域重点水域禁捕工作给予支持，促进水生生物资源恢复和水域生态环境修复。其中，一次性补助由地方结合实际统筹用于收回渔民捕捞权和专用生产设备报废，直接发放到符合条件的退捕渔民。过渡期补助由各地统筹用于禁捕宣传动员、提前退捕奖励、加强执法管理、突发事件应急处置等与禁捕直接相关的工作。

20. 果菜茶有机肥替代化肥行动

选择重点县，支持农民和新型农业经营主体使用畜禽粪污资源化利用产生的有机肥，集中推广堆肥还田、商品有机肥施用、沼渣沼液还田、自然生草覆盖等技术模式，探索一批"果沼畜""菜沼畜""茶沼畜"等生产运营模式，促进果菜茶提质增效和资源循环利用。

21. 农作物秸秆综合利用试点

在全国范围内整县推进，坚持农用优先、多元利用，培育一批产业化利用主体，打造一批全量利用样板县。激发秸秆还田、离田、加工利用等各环节市场主体活力，探索可推广、可持续的秸秆综合利用技术路线、模式和机制。

22. 畜禽粪污资源化处理

支持畜牧大县开展畜禽粪污资源化利用工作，实现畜牧养殖大县粪污资源化利用整县治理全覆盖。按照政府支持、企业主体、市场化运作的原则，以就地就近用于农村能源和农用有机肥为主要利用方式，新（扩）建畜禽粪污收集、利用等处理设施，以及区域性粪污集中处理中心、大型沼气工程，实现规模养殖场全部实现粪污处理和资源化利用，形成农牧结合、种养循环发展的产业格局。

23. 地膜回收利用

在内蒙古、甘肃和新疆支持 100 个县整县推进废旧地膜回收利用，鼓励其他地区自主开展探索。支持建立健全废旧地膜回收加工体系，建立经营主体上交、专业化组织回收、加工企业回收、以旧换新等多种方式的回收利用机制，并探索"谁生产、谁回收"的地膜生产者责任延伸制度。

24. 地下水超采综合治理

以河北省黑龙港流域为重点，以休耕为重点开展种植结构调整，推广水肥一体化、设施棚面集雨、测墒灌溉、抗旱节水品种等农艺节水措施，建立旱作雨养种植的半休耕制度。

25. 重金属污染耕地综合治理

以湖南省长株潭地区为重点，加强产地与产品重金属监测，推广 VIP（品种替代、灌溉水源净化、pH 值调节）等污染耕地安全利用技术模式，探索可复制、可推广的污染耕地安全利用模式。推行种植结构调整，实施耕地休耕试点。

三、农田建设

26. 高标准农田建设

2019 年，按照"统一规划布局、统一建设标准、统一组织实施、统一验收考核、统一上图入库"五个统一的要求，在全国建设高标准农田 8 000 万亩以上，并向粮食生产功能区、重要农产品生产保护区倾斜。在建设内容上，按照《高标准农田建设通则》，以土地平整、土壤改良、农田水利、机耕道路、农田输配电设备等为重点，推进耕地"宜机化"改造，加强农业基础设施建设，提高农业综合生产能力，落实好"藏粮于地、藏粮于技"战略。

27. 东北黑土地保护利用

在辽宁、吉林、黑龙江和内蒙古 4 个省（自治区）实施，建立集中连片示范区，集中展示一批黑土地保护利用模式。支持开展控制黑土流失、增加土壤有机质含量、保水保肥、黑土养育、耕地质量监测评价等技术措施和工程措施。鼓励新型农业经营主体和社会化服务组织承担实施任务。

四、农业科技人才支撑

28. 农民合作社和家庭农场能力建设

支持县级以上农民合作社示范社及农民合作社联合社高质量发展，培育一大批规模适度的家庭农场。支持农民合作社和家庭农场建设清选包装、冷藏保鲜、烘干等产地初加工设施，开展"三品一标"、品牌建设等，提高产品质量安全水平和市场竞争力。

29. 农业信贷担保服务

重点服务家庭农场、农民合作社、农业社会化服务组织、小微农业企业等农业适度规模经营主体。充分发挥全国农业信贷担保体系作用，重点聚焦粮食生产、畜牧水产养殖、菜果茶等农林优势特色产业，农资、农机、农技等农业社会化服务，农田基础设施，以及农村一二三产业融合发展、精准扶贫项目，家庭休闲农业、观光农业等农村新业态。支持各地采取担保费补助、业务奖补等方式，降低适度规模经营主体融资成本，解决农业经营主体融资难、融资贵的问题。

30. 新型职业农民培育

以农业职业经理人、现代青年农场主、农村实用人才带头人、新型农业经营主体骨干、农业产业扶贫对象作为重点培育对象，提升其生产技能和经营管理水平。支持有能力的农民合作社、专业技术协会、农业龙头企业等主体承担培训工作。

31. 基层农技推广体系改革与建设

支持实施意愿高、完成任务好的农业县承担体系改革建设任务，强化乡镇为农服务体系建设，提升基层农技人员服务能力和水平，推广应用一批符合优质安全、节本增效、绿色发展的重大技术模式。在贫困地区全面实施农技推广服务特聘计划，从农业乡土专家、种养能手、新型农业经营主体技术骨干、科研教学单位一线服务人员中招募一批特聘农技员，为产业扶贫提供有力支撑。

五、农业防灾减灾

32. 农业生产救灾

中央财政对各地农业重大自然灾害及生物灾害的预防控制、应急救灾和灾后恢复生产工作给予适当补助。支持范围包括农业重大自然灾害预防及生物灾害防控所需的物资材料补助，恢复农业生产措施所需的物资材料补助，灾后死亡动物无害化处理费，牧区抗灾保畜所需的储草棚（库）、牲畜暖棚和应急调运饲草料补助等。

33. 动物疫病防控

中央财政对动物疫病强制免疫、强制扑杀和养殖环节无害化处理工作给予补助。强制免疫补助经费主要用于开展口蹄疫、高致病性禽流感、小反刍兽疫、布病、包虫病等动物强制免疫疫苗（驱虫药物）采购、储存、注射（投喂）以及免疫效果监测评价、人员防护等相关防控工作，以及对实施和购买动物防疫服务等予以补助。国家在预防、控制和扑灭动物疫病过程中，对被强制扑杀动物的所有者给予补偿，补助经费由中央财政和地方财政共同承担。国家对养殖环节病死猪无害化处理予以支持，由各地根据有关要求，结合当地实际，完善无害化处理补助政策，切实做好养殖环节无害化处理工作。

34. 农业保险保费补贴

在地方财政自主开展、自愿承担一定补贴比例基础上，中央财政对水稻、小麦、玉米、棉花、马铃薯、油料作物、糖料作物、能繁母猪、奶牛、育肥猪、森林、青稞、牦牛、藏系羊和天然橡胶，以及水稻、小麦、玉米制种保险给予保费补贴支持，农民自缴保费比例一般不超过 20%。继续开展并扩大农业大灾保险试点，保障水平覆盖"直接物化成本+地租"，保障对象覆盖试点地区的适度规模经营主体和小农户；在内蒙古、辽宁、安徽、山东、河南、湖北 6 个省（自治区）各选择 4 个产粮大县继续开展三大粮食作物完全成本保险和收入保险试点，保障水平覆盖"直接物化成本+地租+劳动力成本"；中央财政启动对地方优势特色农产品保险实施奖补试点。

六、乡村建设

35. 农村人居环境整治整体推进

贯彻落实《农村人居环境整治三年行动方案》，重点支持中西部地区以县为单位整县推进农村人居环境整治工作，推进农村生活垃圾、生活污水、厕所粪污治理和村容村貌提升等任务，加快补齐农村人居环境基础设施建设短板。

36. 农村人居环境整治先进县奖励

贯彻落实《农村人居环境整治三年行动方案》和《国务院办公厅关于对真抓实干成效明显地方进一步加大激励支持力度的通知》（国办发 2018〔117〕号）精神，按照《农村人居环境整治激励措施实施办法》对各省开展农村人居环境整治工作进行评价，确定拟推荐激励县名单。中央财政在分配年度农村综合改革转移支付资金时，对农村人居环境整治成效明显的县予以适当倾斜支持。

37. 农村"厕所革命"整村推进

中央财政安排专项奖补资金，支持和引导各地以行政村为单元，整体规划设计，整体组织发动，同步实施户厕改造、公共设施配套建设，并建立健全后期管护机制。奖补行政村卫生厕所普及率原则上应达到 85%以上。奖补资金主要支持粪污收集、储存、运输、资源化利用等设施建设和后续管护能力提升，兼顾户厕改造。奖补标准、方式等由各地结合实际确定。

第二节　专业大户

一、专业大户的内涵

1. 大户

在认识专业大户之前，先了解一下"大户"的定义。"大户"原指有技术、会经营，勤劳致富的人家。与农业联系后，大户的定义就超出了原来的定义范围，其农业经营形式更加广泛。

目前，人们对"大户"的称呼或提法不尽相同，大体有以下几种：一是龙头企业，一般是指以从事农副产品加工和农产品运销为主的大户；二是庄园经济，一般是指丘陵山区专业化种养大户和"四荒"治理大户；三是产业大户，主要是指通过"四荒"开发形成主导产业，进行综合经营的大户；四是农业经营大户，泛指从事种植、养殖、加工、销售、林业、水产生产经营的大户；五是农业产业化经营大户，与第四种提法基本相同。比较而言，"大户"的提法，其涵盖面广，符合现代经营的概念，贴切事物的本质。这里有一个龙头企业与"大户"两个提法的关系问题。往往有人提问："大户"不就是龙头企业吗？可以说，"大户"都是"龙头"，但"龙头"不一定都是企业。农业产业化经营中的龙头企业，一般都是农副产品加工和运销企业，而"大户"包括种植、养殖、加工、销售各类经营大户，其中有的还没有升级为企业，有的原本就是注册企业。所以，是否是一个企业，并非"大户"的一般标准，而是"大户"发展过程中的一个较高阶段的标志。农业产业化经营中的龙头企业是"大户"的一种高级形式。辨别"大户"的主要标准是要看它是否具有示范、组织和带动功能。

2. 专业大户

专业大户是新型农业经营主体的一种形式，承担着农产品生产尤其是商品生产的功能，以及发挥规模农户的示范效应，向注重引导其向采用先进科技和生产手段的方向转变，增加技术、资本等生产要素投入，着力提高集约化水平。

专业大户包括种养大户、农机大户等。种养大户，通常指那些种植或养殖生产规模明显大于当地传统农户的专业化农户，是指以农业某一产业的专业化生产为主，初步实现规模经营的农户。农机大户是指有一定经济实力、在村中有一定威望和影响，并有一定农机化基础和农机运用管理经验的养机户。

3. 专业大户的特点

专业大户一般表现为：一是自筹资金的能力较强，能吸引城镇工商企业积累和居民储蓄投入农业开发；二是产业选定和产品定位符合市场需求；三是有适度的经营规模；四是采用新的生产经营方式，能组织和带动农民增收致富；五是生产产品的科技含量较高；六是产品的销售渠道较稳定，有一定的市场竞争力。

与传统分散的一家一户经营方式相比，专业大户规模化、集约化、产业化程度高，在提高农民专业化程度、建设现代农业、促进农民增收等方面发挥的作用日益显现，为现代农业发展和农业经营体制创新注入了新活力。专业大户凭借较大的经营规模、较强的生产能力和较高的综合效益，成为现代农业的一支生力军。

二、专业大户的标准

目前，国家还没有专业大户的评定标准。各地各行业的认定标准都是根据本地实际来制定的，具有一定的差别。但是划定"专业大户"的依据是相同的，主要看其规模，其计量单位分别是：种植大户以亩数计，养殖大户以头数计，农产品加工大户以投资额计，"四荒"开发大户以亩数计。这样划定既是必要的，又是可行的。下面是江西省赣州市对各类农业种养大户的认定标准。

1. 种粮大户

年内单季种植粮食（水稻）面积 100 亩及以上。

2. 经济作物种植大户

果树种植大户，种植经营果园面积 100 亩及以上；蔬菜种植大户，年内种植蔬菜面积 20 亩及以上，且当年种植两季以上；白莲种植大户，年内种植白莲面积 20 亩及以上；西瓜种植大户，年内种植西瓜面积 20 亩及以上；食用菌种植大户，年内种植食用菌 10 万袋及以上；茶叶种植大户，种植茶叶面积 50 亩及以上。

3. 畜禽养殖大户

生猪养殖大户，生猪年出栏 500 头以上；肉牛养殖大户，肉牛年出栏 50 头以上；奶牛养殖大户，奶牛存栏 10 头以上；养羊大户，羊年出栏 300 只以上；肉用家禽养殖大户，肉鸡年出栏 5 000 羽以上、肉鸭年出栏 5 000 羽以上、肉鹅年出栏 2 000 羽以上；蛋用家禽养殖大户，蛋用家禽存栏 1 000 羽以上；养兔大户，兔年出栏 3 000 只以上；养蜂大户，养蜂箱数 50 箱以上。

4. 水产养殖大户

一般水产池（山）塘养殖水面面积 20 亩及以上，年总产量 20 吨以上，年总产值 20 万元以上；特种水产池（山）塘养殖面积 10 亩及以上，年总产量 2.5 吨以上，年总产值 20 万元以上。

三、专业大户的功能

专业大户是规模化经营主体的一种形式，承担着农产品生产尤其是商品生产的功能，以及发挥规模农户的示范效应，向注重引导其向采用先进科技和生产手段的方向转变，增加技术、资本等生产要素投入，着力提高集约化水平。

第三节　家庭农场

一、家庭农场的内涵

家庭农场是指在家庭联产承包责任制的基础上，以农民家庭成员为主要劳动力，运用现代农业生产方式，在农村土地上进行规模化、标准化、商品化农业生产，并以农业经营收入为家庭主要收入来源的新型农业经营主体。一般都是独立的市场法人。

2013年中央一号文件提出，鼓励和支持承包土地向专业大户、家庭农场、农民合作社流转，发展多种形式的适度规模经营。这也是"家庭农场"概念首次出现在中央一号文件中。因此，积极发展家庭农场，是培育新型农业经营主体，进行新农村经济建设的重要一环。其重要意义在于：随着我国工业化和城镇化的快速发展，农村经济结构发生了巨大变化，农村劳动力大规模转移，部分农村出现了弃耕、休耕现象。一家一户的小规模农业经营已凸显出不利于当前农业生产力发展的现实状况。为进一步发展现代农业，农村涌现出了农业合作组织、家庭农场、种植大户、集体经营等不同的经营模式，并且各自的效果逐渐展现出来，尤其是发展家庭农场的意义更为突出。具体表现在：一是有利于激发农业生产活力。通过发展家庭农场可以加速农村土地合理流转，减少了弃耕和休耕现象，提高了农村土地利用率和经营效率。同时，也能够有效解决目前农村家庭承包经营效率低、规模小、管理散的问题。二是有利于农业科技的推广应用。通过家庭农场适度的规模经营，能够机智灵活地应用先进的机械设备、信息技术和生产手段，大大提高农业科技新成果集成开发和新技术的推广应用，并在很大程度上能够降低生产成本投入，大幅提高农业生产能力，加快传统农业向现代农业的有效转变。三是有利于农业产业结构调整。通过专业化生产和集约化经营，发展高效特色农业，可较好地解决一般农户在结构调整中不敢调、不会调的问题。四是有利于保障农产品质量安全。家庭农场有一定的规模，并进行了工商登记，更加注重品牌意识和农产品安全，农产品质量将得到有效保障。

二、家庭农场的特征

目前，我国家庭农场虽然起步时间不长，还缺乏比较清晰的定义和准确的界定标准，但是一般来说家庭农场具有以下特征。

第一，家庭经营。家庭农场是在家庭承包经营基础上发展起来的，它保留了家庭承包经营的传统优势，同时又吸纳了现代农业要素。经营单位的主体仍然是家庭，家庭农场主仍是所有者、劳动者和经营者的统一体。因此，可以说家庭农场是完善家庭承包经营的有效途径，是对家庭承包经营制度的发展和完善。

第二，适度规模。家庭农场是一种适应土地流转与适度规模经营的组织形式，是对农村土地流转制度的创新。家庭农场必须达到一定的规模才能够融合现代农业生产要素，具备产业化经营的特征。同时，由于家庭仍旧是经营主体，受资源动员能力、经营管理能力和风险防范能力的限制，使得经营规模必须处在可控的范围内，不能太少也不能太多，表现出了适度规模性。

第三，市场化经营。为了增加收益和规避风险，农户的一个突出特征就是同时从事市场性和非市场性农业生产活动。市场化程度的不统一与不均衡是农户的突出特点。而家庭农场则是通过提高市场化程度和商品化水平，不考虑生计层次的均衡，是以营利为根本目的的经济组织。市场化经营成为家庭农场经营与农户家庭经营的区别标志。

第四，企业化管理。根据家庭农场的定义，家庭农场是经过登记注册的法人组织。农场主首先是经营管理者，其次才是生产劳动者。从企业成长理论来看，家庭农户与家庭农场的区别在于，农场主是否具有协调与管理资源的能力。因此，家庭农场的基本特征之一，就是以现代企业标准化管理方式从事农业生产经营。

三、家庭农场的功能

家庭农场的功能与专业大户基本一样，承担着农产品生产尤其是商品生产的功能，以及发挥规模农户的示范效应，向注重引导其向采用先进科技和生产手段的方向转变，增加技术、资本等生产要素投入，着力提高集约化水平。

四、家庭农场的登记注册

（一）家庭农场的登记条件

家庭农场既能享受到国家政策，又可以继承和发展，而且家庭农场涉及农业规划、财产、品牌建设、农场继承等一系列问题，必须进行"登记"。只有登记为家庭农场才能获得国家认可，便于认定识别、政府管理与政策支持。除此之外，尽管有了官方的定义，但是在现实操作中却并非如此，造成"家庭农场"成了某些主体通过政策进行套利的手段。家庭农场登记注册也是保证家庭农场稳定性、政策针对性的要求。

各地省市农业部门基本上都出台了对家庭农场登记管理工作的意见。在这些意见中，对家庭农场的登记范围、名称称谓、经营场所等方面做出了说明。不少地方规定：以家庭成员为主要经营者，通过经营自己承包或租赁他人承包的农村土地、林地、山地、水域等，从事适度规模化、集约化、商品化农业生产经营的，均可依法登记为家庭农场。

这里面所指的家庭,有很多的界定,也出现了许多观点:一种是以传统的家庭为基础,即子女分家后就算一个家庭;也有人建议,以大家庭为基本单元;还有的提出,家庭成员占经营人员的比例至少80%,也可以聘请临时工或长期工;另外一部分人认为,家庭农场主不应局限于农村户口。笔者认为,在尊重农民意愿前提下,家庭的含义可以扩大到祖辈、父辈、儿孙辈甚至其他亲属。在现阶段,家庭农场业主以农村户籍为宜。城市人员、工商资本可以进入农业领域,但目前不宜纳入政策所指向的家庭农场范畴。

国家规定,乡(镇)政府负责对辖区内成立专业农场的申报材料进行初审,初审合格后报县(市)农经部门复审。经复审通过的,报县(市)农业行政管理部门批准后,由县(市)农经部门认定其专业农场资格,做出批复,并推荐到县(市)工商行政管理部门注册登记。

(二)家庭农场登记所需材料

家庭农场登记需要的申报材料。

(1)专业农场申报人身份证明原件及复印件。

(2)专业农场认定申请及审批意见表。

(3)土地承包合同或经鉴证后土地流转合同及公示材料(土地承包流转等情况)。

(4)专业农场成员出资清单。

(5)专业农场发展规划或章程。

(6)其他需要出具的证明材料。

一般有如下材料:第一,土地流转以双方自愿为原则,并依法签订土地流转合同;第二,土地经营规模,如水田、蔬菜和经济作物经营面积30公顷以上,其他大田作物经营面积50公顷以上,土地经营相对集中连片;第三,土地流转时间,10年以上(包括10年);第四,投入规模,投资总额(土地流转费、农机具投入等）要达到 50 万元以上；第五，有符合创办专业农场发展的规划或章程。

（三）家庭农场的注册形式

在全国约 87.7 万户家庭农场中，已被有关部门认定或注册的还比较少。目前，已经认定或者注册的家庭农场共有 3.32 万户，其中农业部门认定 1.79 万户，工商部门注册 1.53 万户。同时，家庭农场可申请登记为个体工商户、个人独资企业，符合法律法规规定条件的，也可以申请登记为合伙企业或有限责任公司。

在相当长时间内，各地对于是否需要工商注册看法不一，很多有志于发展家庭农场的农户也比较迷茫。家庭农场是一个产业组织主体，并非是工商注册的组织类型。农业农村部意见明确提出，依照自愿原则，家庭农场可自主决定办理工商注册登记，以取得相应市场主体资格。

家庭农场是一个自然而然发育的经济组织。许多现实中存在的较大规模的经营农户其实就是家庭农场，但不一定非要到工商部门注册，注册的形式可以多样化。由于家庭农场不是独立的法人组织类型，在实践中有的登记为个体工商户，有的登记为个人独资企业，还有的登记为有限责任公司。农业农村部提出探索建立家庭农场管理服务制度。县级农业部门要建立家庭农场档案，县以上农业部门可从当地实际出发，明确家庭农场认定标准，对经营者资格、劳动力结构、收入构成、经营规模、管理水平等提出相应要求。依照自愿原则，家庭农场可自主决定办理工商注册登记，以取得相应市场主体资格。

在东南沿海经济发达地区，家庭农场从事农产品的附加值比较高，特别是发展外向型农业的家庭农场，出于经营方面提高公信力和竞争力的需要，因而有动力去工商部门注册登记。在我国，家庭农场作为新生事物，还处在发展的起步阶段。当前主要是鼓励发展、支持发展，并在实践中不断探索、逐步规范。不断发展起来的家庭农场与专业大户、农民合作社、农业产业化经营组织等多种经营主体，都有各自的适应性和发展空间，发展家庭农场不排斥其他农业经营形式和经营主体，不只追求一种模式、一个标准。家庭农场发展是一个渐进过程，要靠农民自主选择，防止脱离当地实际、违背农民意愿、片面追求超大规模经营的倾向，人为归大堆、垒大户。例如，山西省暂行意见明确提出，由各级农经部门负责本行政区域内家庭农场的认定工作。

家庭农场经营者应当是依法享有农村土地承包经营权的农户，以家庭承包和流转土地为主要经营载体。特别提出家庭农场要以家庭成员为主要劳动力，常年雇工数量不超过家庭务农人员数量，农业净收入占家庭农场总收益的比例要达到80%。同时，还提出其领头人应接受过农业技能培训，其经营活动有比较完整的财务收支记录，并对其他农户开展农业生产有示范带动作用。家庭农场主向乡镇农经部门申报并提交以下材料。

（1）《家庭农场申报表》。

（2）家庭农场主户口本原件及3份复印件。

（3）土地承包、流转合同书原件及3份复印件。

乡镇农经部门收到申报人提交的申报材料后，对申报材料齐全、符合认定标准的，在5个工作日内签署意见并附相关材料上报县（市、区）农经部门；对于申报材料不全或不符合认定标准的，向申报人说明情况。县（市、区）农经部门对上报材料进行核实，对符合认定标准的，予以认定。

尤为值得一提的是，山西省规定，山西各级农经部门将对家庭农场实行动态管理。省级农经部门每年年底发布全省家庭农场名录，进入名录者可享受国家各项扶持政策。家庭农场还需要每3年进行一次资格审核，不符合标准的将予以注销。

（四）家庭农场的注册登记名称

申请人可根据自身条件和发展需要，自主申请登记为个体工商户、公司、个人独资企业或者合伙企业。

　　针对部分地方曾出现的家庭农场登记注册名称混乱现象，河南省工商局出台《关于做好家庭农场登记管理工作的意见》（简称《意见》）根据《意见》要求，申请注册登记的家庭农场名称必须有统一规范。例如，申请登记为个体工商户类型的家庭农场，依据《个体工商户条例》及相关规定办理登记，个体工商户家庭农场名称统一规范为"行政区划+字号+家庭农场"；申请登记为有限责任公司类型的家庭农场，依据《中华人民共和国公司法》（以下简称《公司法》）及相关规定办理登记，公司制家庭农场名称统一规范为"行政区划+字号+家庭农场+有限（责任）公司组织形式"或"行政区划+字号+行业+家庭农场+有限（责任）公司组织形式"；也可以申请登记为个人独资企业或者合伙企业。

　　申请注册登记的家庭农场名称必须有统一规范。家庭农场与一些养殖、种植大户不同，家庭农场有营业执照，可通过开展经营活动，提高自身知名度，随后通过申请注册商标的方式，形成自有品牌。家庭农场在申请注册商标后，其品牌效应会随着品牌知名度提升而不断增强。

　　我国幅员辽阔，地貌、气候、土壤类型及其组合方式复杂多样，农产品品种丰富，许多产品品质独特，具有丰富的地理标识资源和建立农产品品牌的天然条件。家庭农场的名号可以采取当地有名的山川河流、家庭农场的经营者、特色种植养殖加工等方法命名。

第四节　农民合作社

一、农民合作社的概念

　　《中华人民共和国农民专业合作社法》对农民专业合作社的

定义是："农民专业合作社是在农村家庭承包经营基础上，同类农产品的生产经营者或者同类农业生产经营服务的提供者、利用者，自愿联合、民主管理的互助性经济组织。"

这一定义包含着三个方面的内容：第一，农民专业合作社坚持以家庭承包经营为基础；第二，农民专业合作社由同类农产品的生产经营者或者同类农业生产经营服务的提供者、利用者组成；第三，农民专业合作社的组织性质和功能是自愿联合、民主管理的互助性经济组织。2013 年中央一号文件把农民专业合作社称为农民合作社，并给予了很高的发展定位，提出：农民合作社是带动农户进入市场的基本主体，是发展农村集体经济的新型实体，是创新农村社会管理的有效载体。

二、农民合作社的特征

自愿、自治和民主管理是合作社制度最基本的特征。农民专业合作社作为一种独特的经济组织形式，其内部制度与公司型企业相比有着本质区别。股份公司制度的本质特征是建立在企业利润基础上的资本联合，目的是追求利润的最大化，"资本量"的多寡直接决定盈余分配情况。但在农民专业合作社内部，起决定作用的不是成员在本社中的"股金额"，而是在与成员进行服务过程中，发生的"成员交易量"。

农民专业合作社的主要功能，是为社员提供交易上所需的服务，与社员的交易不以营利为目的。年度经营中所获得的盈余，除了一小部分留作公共积累外，大部分要根据社员与合作社发生的交易额的多少进行分配。实行按股分配与按交易额分配相结合，以按交易额分配返还为主，是农民专业合作社分配制度的基本特征。农民专业合作社与外部其他经济主体的交易，要坚持以营利最大化为目的市场法则。因此，其基本特征表现如下。

一是在组织构成上，农民专业合作社以农民作为合作经营与开展服务的主体，主要由进行同类农产品生产、销售等环节的公民、企业、事业单位联合而成，农民要占成员总人数的 80%以上，从而构建了新的组织形式；二是在所有制结构上，农民专业合作社在不改变家庭承包经营的基础上，实现了劳动和资本的联合，从而形成了新的所有制结构；三是在盈余分配上，农民专业合作社对内部成员不以营利为目的，将可分配盈余大部分返还给成员，从而形成了新的盈余分配制度；四是在管理机制上，农民专业合作社实行入社自愿、退社自由、民主选举、民主决策等原则，建构了新的经营管理体制。

三、农民合作社的功能

农民合作社集生产主体和服务主体于一身，融普通农户和新型主体为一体，具有联系农民、服务自我的独特功能。农民专业合作社发挥带动散户、组织大户、对接企业、联结市场的功能，进而提升农民组织化程度。在农业供给侧结构性改革中，农民合作社自身既能根据市场需求作出有效响应，也能发挥传导市场信息、统一组织生产、运用新型科技的载体作用，把分散的农户组织起来开展生产，还能让农户享受到低成本、便利化的自我服务，有效弥补了分散农户经营能力上的不足。

四、农民合作社登记注册

（一）办理登记手续的步骤

1. 审查受理

（1）审查。登记人员对申请人提供的设立登记申请材料，从种类和内容上进行合法性审查，根据审查情况作出是否受理的决定。

一是审查申请人提交的材料是否齐全。《农民专业合作社登记管理条例》规定提交的 8 种设立申请材料不得缺少。

二是审查材料内容是否符合法定要求。对申请人提交的 8 种申请材料进行内容审查，看各种表格填写是否规范、完整、签名是否齐全一致，成员资格证明是否清楚明了，复印材料是否签字确认与原件一致，重点要审查农民专业合作社章程应当载明的 11 项内容的完整性、各文件材料之间相同事项的内容表述是否一致及申请材料内容是否与法律法规相抵触。缺项（除了法定的章程第十一项内容外）、相同事项表述不一致或申请材料内容与法律法规相抵触的，应当要求修改、改正。

（2）受理。经过审查，对于符合法定条件的登记申请，审查人员应填写《农民专业合作社设立登记审核表》，签署具体受理意见，制作《受理通知书》送达申请人；当场登记发照的，可以不制作《受理通知书》，但应该在《农民专业合作社设立登记审核表》的"准予设立登记通知书文号"栏填写"当场登记发照"。对于不符合法定条件且不能当场更正的登记申请，审查人员应当制作说明理由及应补交补办具体事项要求的《不予受理通知书》，与申请材料一并退交申请人。

2. 核准发照

（1）核准。核准人员对于申请人提交的材料和受理人员的意见复查后，作出是否准予登记的决定，签署具体核准意见。

①经复查，申请人提交的登记申请满足材料齐全、符合法定要求的，应当场核准登记，发给营业执照。

②经复查，申请人提交的登记申请材料不符合要求的，能当场更正的，允许当场更正，更正后符合法定条件要求的，应当场登记发照。

③经复查，申请人提交的登记申请材料不符合法定条例要求，又不能在《执行许可法》规定的"自受理行政许可申请之日起 20 日内"，通过补正登记材料满足登记条件的，应当作出不予登记的决定，制作说明理由的《不予登记通知书》，与申请

材料一并退交申请人。

（2）发照。经核准同意登记的，登记工作人员应根据核准意见制作营业执照，发给申请人。并在规定的时间内，将登记资料归档，建立经济户口。

（二）办理登记手续的注意事项

（1）加入农民专业合作社的成员是具有民事行为能力的公民，以及从事与农民专业合作社业务直接有关的生产经营活动的企业、事业单位或者社会团体，能够利用农民专业合作社提供的服务，承认并遵守农民专业合作社章程，履行章程规定的入社手续的，可以成为农民专业合作社的成员，且成员数最低不少于5名，其中农民至少应当占成员总数的80%。但是，具有管理公共事务职能的单位不得加入农民专业合作社。

（2）农民专业合作社经工商部门注册成立，自成立之日起20个工作日内，须到县农业局农村经济经营管理站备案，并在"中国农民专业合作社网"上填制《农民专业合作经济组织统计报表》，完善登记备案材料。

第五节　农业产业化龙头企业

一、农业产业化龙头企业

1. 农业产业化龙头企业的概念

农业产业化龙头企业是指以农产品生产、加工或流通为主，通过订单合同、合作方式等各种利益联结机制与农户相互联系，带动农户进入市场，实现产供销、贸工农一体化，使农产品生产、加工、销售有机结合、相互促进，具有开拓市场、促进农民增收、带动相关产业等作用，在规模和经营指标方面达到规定标准并经过政府有关部门认定的企业。

2. 农业产业化龙头企业的优势

农业产业化龙头企业弥补了农户分散经营的劣势，将农户分散经营与社会化大市场有效对接，利用企业优势进行农产品加工和市场营销，增加了农产品的附加值，弥补了农户生产规模小、竞争力有限的不足，延长了农业产业链条，改变了农产品直接进入市场、农产品附加值较低的局面。还将技术服务、市场信息和销售渠道带给农户，提高了农产品精深加工水平和科技含量，提高了农产品市场开拓能力，减小了经营风险，提供了生产销售的通畅渠道，通过解决农产品销售问题刺激了种植业和养殖业的发展，提升了农产品竞争力。

农业产业化龙头企业能够适应复杂多变的市场环境，具有较为雄厚的资金、技术和人才优势。龙头企业改变了传统农业生产自给自足的落后局面，用工业发展理念经营农业，加强了专业分工和市场意识，为农户农业生产的各个环节提供一条龙服务，为农户提供生产技术、金融服务、人才培训、农资服务、品牌宣传等生产性服务，实现了企业与农户之间的利益联结，能够显著提高农业的经济效益，促进农业可持续发展。

农业产业化龙头企业的发展有利于促进农民增收。一方面，龙头企业通过收购农产品直接带动农民增收，企业与农户建立契约关系，成为利益共同体，向农民提供必要的生产技术指导。提高农业生产的标准化水平，促进农产品质量和产量的提升。保证了农民的生产销售收入，同时也增强了我国农产品的国际竞争力，创造了更多的市场需求。农户还可以以资金等多种要素的形式入股农业产业化龙头企业，获得企业分红，鼓励团队合作，促进农户之间的相互监督和良性竞争。另一方面，农业产业化龙头企业的发展创造了大量的劳动就业岗位，释放了农村劳动力，解决了部分农村劳动力的就业问题。

农业产业化龙头企业的发展提高了农业产业化水平，促进了农产品产供销一体化经营，通过技术创新和农产品深加工。提高资源的利用效率，提高了农产品质量，解决了农产品难卖的问题。改造了传统农业，促进大产业、大基地和大市场的形成，形成从资源开发到高附加值的良性循环，提升了农业产业竞争力，起到了农产品结构调整的示范作用和市场开发的辐射作用，带动农户走向农业现代化。

农业产业化龙头企业是农村的有机组成部分，具有一定的社会责任。龙头企业参与农村村庄规划，配合农村建设，合理规划生产区、技术示范区、生活区、公共设施等区域，并且制定必要的环保标准，推广节能环保的设施建设。龙头企业培养企业的核心竞争力，增强抗风险能力，在形成完全的公司化管理后，还可以将农民纳入社会保障体系，维护了农村社会的稳定发展。

二、农业产业化龙头企业标准

农业产业化龙头企业包括国家级、省级和市级等，分别有一定的标准。

1. 农业产业化国家级龙头企业标准

农业产业化国家级龙头企业是指以农产品加工或流通为主，通过各种利益联结机制与农户相联系，带动农户进入市场，使农产品生产、加工、销售有机结合、相互促进，在规模和经营指标上达到规定标准并经全国农业产业化联席会议认定的企业。

农业产业化国家级龙头企业必须达到以下标准。

（1）企业组织形式。依法设立的以农产品生产、加工或流通为主业、具有独立法人资格的企业。包括依照《公司法》设立的公司，其他形式的国有、集体、私营企业以及中外合资经营、中外合作经营、外商独资企业，直接在工商管理部门注册登记的农产品专业批发市场等。

（2）企业经营的产品。企业中农产品生产、加工、流通的销售收入（交易额）占总销售收入（总交易额）70%以上。

（3）生产、加工、流通企业规模。总资产规模：东部地区1.5亿元以上，中部地区1亿元以上，西部地区5 000万元以上；固定资产规模：东部地区5 000万元以上，中部地区3 000万元以上，西部地区2 000万元以上；年销售收入：东部地区2亿元以上，中部地区1.3亿元以上，西部地区6 000万元以上。

（4）农产品专业批发市场年交易规模。东部地区15亿元以上，中部地区10亿元以上，西部地区8亿元以上。

（5）企业效益。企业的总资产报酬率应高于现行一年期银行贷款基准利率；企业应不欠工资、不欠社会保险金、不欠折旧，无涉税违法行为，产销率达93%以上。

（6）企业负债与信用。企业资产负债率一般应低于60%；有银行贷款的企业，近2年内不得有不良信用记录。

（7）企业带动能力。鼓励龙头企业通过农民专业合作社、专业大户直接带动农户。通过建立合同、合作、股份合作等利益联结方式带动农户的数量一般应达到：东部地区4 000户以上，中部地区3 500户以上，西部地区1 500户以上。

企业从事农产品生产、加工、流通过程中，通过合同、合作和股份合作方式从农民、合作社或自建基地直接采购的原料或购进的货物占所需原料量或所销售货物量的70%以上。

（8）企业产品竞争力。在同行业中企业的产品质量、产品科技含量、新产品开发能力处于领先水平，企业有注册商标和品牌。产品符合国家产业政策、环保政策，并获得相关质量管理标准体系认证，近2年内没有发生产品质量安全事件。

2. 农业产业化省级龙头企业标准

农业产业化省级龙头企业是指以农产品加工或流通为主，通过各种利益联结机制与农户相联系，带动农户进入市场，使农产品生产、加工、销售有机结合、相互促进，在规模和经营指标上达到规定标准，经省人民政府审定的企业。

不同的省，设定的标准有所区别。以湖南省为例，湖南省农业产业化省级龙头企业必须达到以下标准。

（1）企业组织形式。依法设立的以农产品加工或流通为主业、具有独立注入资格的企业。包括依照《公司法》设立的公司，其他形式的国有、集体、私营企业以及中外合资经营、中外合作经营、外商独资企业，直接在工商行政管理部门登记开办的农产品专业批发市场等。

（2）企业经营的产品。企业中农产品加工、流通的增加值占总增加值70%以上。

（3）加工、流通企业规模。总资产5 000万元以上；固定资产2 000万元以上；年销售收入7 000万元以上。

（4）农产品专业批发市场年交易30亿元以上。

（5）企业效益。企业的总资产报酬率应高于同期银行贷款利率；企业应不欠税、不欠工资、不欠社会保险金、不欠折旧，不亏损。

（6）企业负债与信用。企业资产负债率一般应低于60%；企业银行信用等级在A级以上（含A级）。

（7）企业带动能力。通过建立可靠、稳定的利益联结机制带动农户（特种养殖业和农垦企业除外）的数量一般应达到3 000户以上；企业从事农产品加工、流通过程中，通过订立合同、入股和合作方式采购的原料或购进的货物占所需原料量或所销售货物量的70%以上。

（8）企业产品竞争力。在同行业中企业的产品质量、产品科技含量、新产品开发能力居领先水平，主营产品符合国家产业政策、环保政策和质量管理标准体系，产销率达93%以上。

3. 农业产业化市级龙头企业标准

市级农业产业化重点龙头企业是指以农产品生产、加工、流通以及农业新型业态为主业，通过各种利益联结机制，带动其他相关产业和新型农业经营主体发展，促进当地农业主导产业壮大，促进农民增收，经营规模、经济效益、带动能力等各项指标达到市级龙头企业认定和监测标准，并经市人民政府认定的企业。

不同的市也有不同的认定标准，以河北省唐山市为例，农业产业化市级龙头企业应达到如下标准。

（1）企业组织形式。在唐山市各级工商部门注册，具有独立法人资格的企业，包括依照《公司法》设立的公司，其他形式的国有、集体、私营企业以及中外合资经营、中外合作经营、外商独资企业，农产品专业批发市场等。

（2）企业经营的产品。以农产品生产、加工、流通以及农业休闲采摘、观光旅游等新型业态为主业，且主营收入占企业总收入的70%以上。

（3）企业规模。不同类型的企业需分别达到以下规模。

①生产型龙头企业。总资产1 000万元以上，固定资产500万元以上，年销售收入在1 000万元以上。

②加工型龙头企业。总资产2 000万元以上，固定资产1 000万元以上，年销售收入在2 000万元以上。

③流通型龙头企业。农产品专业批发市场年交易规模在1亿元以上；电子商务类等其他流通类龙头企业年销售收入在1 000万元以上。

④融合发展型龙头企业。总资产1 000万元以上，固定资产500万元以上，年销售收入在1 000万元以上。

融合发展型龙头企业指农业各产业环节相互连接的产业链型企业，或以农业为基础发展农产品加工、休闲旅游观光等产业的龙头企业。

（4）企业效益。企业连续2年生产经营正常且不出现亏损，总资产报酬率应高于同期一年期央行贷款基准利率。

（5）企业负债与信用。企业产权清晰，资产结构合理，资产负债率原则上要低于60%。企业守法经营，无涉税违法问题，不拖欠工人工资，工商、税务、财政、金融、司法、环保等部门征信及管理系统记录良好。企业诚信、声誉、美誉度较高。

（6）企业带动能力。生产型企业通过订立合同、入股和合作等方式，直接带动农户100户以上，间接带动农户达到1 000户以上；加工型企业通过建立稳定的利益联结机制，直接带动相关农业企业、合作社、家庭农场、专业大户等新型农业经营主体5家以上，直接和间接带动农户达到1 000户以上；流通型企业间接带动农户达到3 000户以上；融合发展型企业直接带动农户100户以上，间接带动达到1 000户以上。

（7）企业产品竞争力。在同行业中企业的产品质量、产品科技含量、新产品开发能力居先进水平，主营产品符合国家产业政策、环保标准和质量管理标准要求。近2年内未发生重大环境污染事故、无重大产品质量安全事件。主营产品产销率达90%以上。

（8）商标品牌。企业产品注册商标，实行标准化生产管理，获得GAP、ISO、HACCP等国际国内标准体系认证、出口产品注册、各级名牌（商标）认定，或通过无公害农产品、绿色食品、有机食品认证等。

三、农业产业化龙头企业的功能定位

在某个行业中，对同行业的其他企业具有很深的影响、号召力和一定的示范、引导作用，并对该地区、该行业或者国家作出突出贡献的企业，被称为龙头企业。龙头企业产权关系明晰、治理结构完善、管理效率较高，在高端农产品生产方面有显著的引导示范效应。当前，有近九成的国家重点龙头企业建有专门的研发中心。省级以上龙头企业中，来自订单和自建基地的采购额占农产品原料采购总额的 2/3，获得省级以上名牌产品和著名商标的产品超过 50%，"微笑曲线"的弯曲度越来越大，不断向农业产业价值链的高端跃升。

四、农业产业化龙头企业的申报和认定

（一）农业产业化龙头企业的申报

1. 申报材料

（1）企业的资产和效益情况须经有资质的会计师事务所审定。

（2）企业的资信情况须由其开户银行提供证明。

（3）企业的带动能力和利益联结关系情况须由县以上农村经营管理部门提供说明。应将企业带动农户情况进行公示，接受社会监督。

（4）企业的纳税情况须由企业所在地税务部门出具企业近 3 年内纳税情况证明。

（5）企业产品质量安全情况须由所在地农业或其他法定监管部门提供书面证明。

2. 申报程序

（1）申报企业直接向企业所在地的省（自治区、直辖市）农业产业化工作主管部门提出申请。

（2）各省（自治区、直辖市）农业产业化工作主管部门对企业所报材料的真实性进行审核。

（3）各省（自治区、直辖市）农业产业化工作主管部门应充分征求农业、发改、财政、商务、人民银行、税务、证券监管、供销合作社等部门及有关商业银行对申报企业的意见，形成会议纪要，并经省（自治区、直辖市）人民政府同意，按规定正式行文向农业部农业产业化办公室推荐，并附审核意见和相关

材料。

（二）农业产业化龙头企业的认定

由农业经济、农产品加工、种植养殖、企业管理、财务审计、有关行业协会、研究单位等方面的专家组成国家重点龙头企业认定、监测工作专家库。

在国家重点龙头企业认定监测期间，从专家库中随机抽取一定比例的专家组建专家组，负责对各地推荐的企业进行评审，对已认定的国家重点龙头企业进行监测评估。专家库成员名单、国家重点龙头企业认定和运行监测工作方案，由农业部农业产业化办公室商全国农业产业化联席会议成员单位提出。

国家重点龙头企业认定程序和办法如下。

（1）专家组根据各省（自治区、直辖市）农业产业化工作主管部门上报的企业有关材料，按照国家重点龙头企业认定办法进行评审，提出评审意见。

（2）农业部农业产业化办公室汇总专家组评审意见，报全国农业产业化联席会议审定。

（3）全国农业产业化联席会议审定并经公示无异议的企业，认定为国家重点龙头企业，由八部门联合发文公布名单，并颁发证书。

经认定公布的国家重点龙头企业，享受有关优惠政策。国家重点龙头企业所属的控股子公司，其直接控股比例超过50%（不含50%）的，且控股子公司以农产品生产、加工或流通为主业，可享受国家重点龙头企业的有关优惠政策。

第七章　农业经营管理

第一节　经营管理概述

一、经营和管理的概念

经营是指为了实现致富目标所进行的一切市场活动。简单地讲，就是生产活动以外的供销活动，经营活动等同于营销活动。经营是对外的，是与市场的打拼，追求的是效益，讲的是开源和赚钱。

管理是指为保证经营活动顺利进行所采取的各种手段、方法，通常包括决策、计划、核算和控制等。管理是对内的，是对经济活动的安排、实施、调整和把关，追求的是效率，讲的是节流和控制成本。

二、经营和管理的关系

经营与管理是密不可分的。两者就好比"钱耙子"和"钱匣子"的关系，缺一不可、相互依赖。必须首先搞好经营，广开门路，研究市场和消费者，在此基础上管理必须跟上，科学合理地进行计划、决策，有效地安排和使用资金、精打细算。只有管理跟上并到位了，经营活动才可能有更大的目标和后劲。因此，忽视管理的经营是不能长久的，挣回来多少钱，就会浪费掉多少钱，同样，忽视经营的管理，就好比"无源之水"，长此以往，会守不住自己的"一亩三分地"。

三、经营管理意识

经营管理是社会化生产劳动的产物，社会分工越精细，商品化生产程度越高，市场经济越发达，越需要加强经营管理。高素质农民应具有下列经营管理意识。

1. 市场意识

新型职业农民必须具有市场意识，善于围绕市场需求组织生产，而不是困守在自己的"一亩三分地"上，日出而作，日落而息。需要将目光盯紧市场，要善于研究市场需求，善于捕捉市场机会，根据市场需求决定生产什么，生产多少，如何组织生产。

2. 信息意识

新型职业农民要善于在瞬息万变的市场环境中捕捉各种有价值的信息，抢占市场先机，从而掌握生产经营的主动权。在市场环境下，信息是一种关键性的资源，对信息掌握的程度是获取市场机会的决定性因素。这要求农民通过多种渠道，采取多种方式，主动深入研究市场，收集信息并分析信息，在对信息充分了解的基础上，做出生产经营的决策。

3. 创新意识

创新是永葆市场主体生命力的能量之源，离开了创新，任何产品都将在激烈的市场竞争中被淘汰。而在产品设计或产品销售方面的创新，则往往能够为产品拓展市场带来意想不到的收益，大大增加产品的竞争力。

4. 质量意识

在市场经济条件下，由于各种消费品都极大丰富，质量便成为特定产品和服务是否有生命力的核心因素。高素质农民不论是生产农产品，还是从事其他行业的工作，都必须追求质量，唯有如此才能赢得顾客，获得持续增收的机会。

5. 竞争意识

任何等待、依赖、消极回避的心态，都将损害市场主体的竞争力。对于新型职业农民而言，也要遵循市场机制作用的原理。新型职业农民只有培养起竞争意识，积极主动参与竞争，寻找机会，承担责任，才能在激烈的市场竞争中立于不败之地。

四、经营管理能力的提升

加快提升新型职业农民具备经营管理能力，促使传统的农民形态向职业化形态转变的合格的新型职业农民必须从下述几方面着手。

1. 了解市场、学会分析市场，提高经营决策能力

现代农业生产过程同加工、销售紧密联系，是农工商一体化的完整体系。因此，新型职业农民必须放眼于市场大环境，要明确农业未来发展走向，拥有对市场预测和经营决策的能力。这种能力的提升除了接受专业培训，掌握系统的市场预测和决策方法以外，还要了解农产品从产到销全过程中市场所起的作用，熟悉流程，主动参与市场竞争，多渠道收集信息，调查不同农产品的市场份额，分析市场上某一农产品目前的供给状况，找出其发展规律和趋势，并对农产品在市场上的发展规律和趋势不断比较、研究发现其本质，从而指导自身对农产品的生产和销售过程做出正确决策。

2. 加强金融知识的学习、学会整合资源，提高经营管理能力

以往的农业生产中，农民对于掌握金融方面知识的意识比较薄弱，对生产成本没有一个合理的控制且农业生产计划不明确。新型职业农民要通过系统学习了解金融知识，学会控制成本。在农业发展规律下，协调生产与人力资源的管理，对从种植、培

育、生产到销售的全过程进行生产资料和人力资源的合理分工，提高生产效率和资源利用率。

3. 增强创新意识，提高研发设计能力

食品安全事件的频发，让农产品市场对产品检验更加严格。农产品创新培育模式，向高品质、高产量、低风险方向发展。农产品的质量从种植到营销中要有全面的质量监控。政府要为新型职业农民建立信息化平台，提供数据支持，培训学习网络，运用农业信息技术，使新型职业农民熟悉农产品的各个生产环境的精准标准。增强新型职业农民创新意识，提高研发新产品能力，为农产品的高品质创造条件。

第二节　农业生产管理

一、种植业的生产管理

种植业生产管理是指通过对生产过程中各种自然资源和生产要素的合理组合、生产阶段和生产环节的科学安排，以便取得满意的生产成果和经济效益。

（一）粮食和油料作物的生产管理

粮食和油料作物的生产品种很多，主要是玉米、水稻、大豆、小麦、谷子、高粱、荞麦、小豆、向日葵和芝麻等。尽管这些作物生长特点不同，但在生产管理上也有一些基本要求。主要是掌握各种作物的生长特性，如作物的生长期，对温度、水分、光照、土壤的要求和对矿物质营养的需求；要了解作物轮作，整地与施肥，及时播种，田间管理，适期收获和收获后的加工、整理、储藏等生产技术。在此基础上，才能根据农作物生长发育和收获加工的实际需要，实施有效地生产管理，从而保证和提高农作物的产品数量及质量。

（二）蔬菜生产的管理

蔬菜生产品种多、周期短、季节性强、复种指数高，栽培技术较为复杂，投入人力、物力和财力较多；蔬菜又是鲜嫩的产品，含水量高，容易腐烂变质，多数不耐储存和长途运输，还要求无公害生产，专业化生产水平较高，需要品种多样，均衡供应，淡季不淡，旺季不烂。

蔬菜生产的方式和管理，目前主要有三种：一是露地栽培方式，这在整个蔬菜生产中占比重较大。二是保护地栽培方式，是在塑料大棚和简易温室种植蔬菜。三是温室栽培方式（工厂化生产），对蔬菜的生长发育所需要的条件可以进行人工控制，可全年生产，均衡供应，在解决淡季蔬菜供应中发挥了较大的作用，但投资大、成本高。家庭农场在蔬菜生产中，应根据自身条件，选择适宜的方式，采用先进的科学技术，改善蔬菜生产条件，提高蔬菜储藏和加工能力。

（三）果树生产的管理

果树生产的特点，有利于充分利用土地、劳动力和自然资源，改善居住环境。果树适应性强，山地和瘠薄土地均可栽植，是家庭农场发展多种经营的较好生产项目。果树是多年生植物，适应性比较强，既可以取得较高的经济收入，又可以保护生态环境。但是，果树生产一般是在较长时间内连续投资才能收益，投资回报期较长。根据以上特点，家庭农场进行果树生产应当因地制宜选择树种，实行果粮结合、果林结合，以短养长。在发展果树生产的同时，相应地发展果品加工业，增加经济收入。

在果树生产园地的建设和管理上，首先要根据本地的气候、土壤性质、地势、水源和相关条件，选择好果树生产园地。其次是对果园进行科学规划。建果园是长期生产，一定要做好发展规划，要合理确定果园面积、生产规模和果树品种。还要对果树的栽植地段、品种搭配、行列距离、光照、通风、施肥、灌溉、排水和田、林路、渠等统筹安排，以便管理。

（四）在种植业生产管理上应注意的几个问题

1. 应注意种植品种的选择

现代生物技术打破了动物、植物、微生物之间的界限，实现了基因间的界间转移。许多新的种植业品种问世，极大地拓宽了家庭农场选择的余地。新的品种往往有更快的生长速度、更高的营养价值、更强的抗病能力与反季节生长，成为市场上的热销品。

2. 应注意采用精确种植模式

我国农村传统上实行大田种植，不注意对不同条件的地块实行不同的供水、施肥措施。有的地块，肥过多造成资源浪费，有的地块，肥、水不足，植物长势不好。现代精确种植农业讲究根据不同的土壤条件，精确供水、施肥、收割等，可以节约成本，提高水资源和肥料的利用率。目前，家庭农场可以重点发展节水、节肥的精确农业技术；还可发展精确设施农业，在小范围内控制植物的生长条件，如在温室大棚内精确给肥、给水，达到高产速产的目的。就精确种植业的发展趋势来看，一些发达国家已发展到通过全球卫星定位系统，对大田不同的地块进行精确定位，将这些小地块土壤样品的数据，输入播种机械的电脑中，现在可精确到1平方米以内的地块。人们可以就此对每一小块地进行不同的施肥、播种，完全做到定位、定量，提高种子和肥料的利用率，保护农业资源和环境质量，达到高产或保护生态的目的。

3. 应注意采用设施种植

采用农业设施是人为地改变自然环境、人工设置最适宜于动植物生长的小环境，达到增加产量、改善品质、延长生长季节等目的。在我国采用的设施农业生产技术主要有塑料薄膜日光温室技术，塑料薄膜大、中、小棚技术，温床技术等。

4. 应注意可持续性生产

长久以来，不少地方毁林开荒、过度放牧、大量施用化肥和农药，致使土质盐碱化、沙漠化，水土流失严重，土质退化。持续高产农业以提高单产为主攻方向，在集约化和科学管理下，达到高投入、高产出、高效率并重持续发展的目的。因此，发展持续高产农业是大势所趋。例如，发展作物轮作制，以减少杂草、病虫害，提高土壤成分的替代来源，减少由农业化学品使用而引起的水土资源污染的危险性；推广对自然界、对生产者和消费者无害的病虫害控制战略，其中包括病虫害综合管理技术，即采用诸如抗病性栽培品种、栽培时间的调整以及病虫害的生物控制的方法，减少对杀虫剂的需求；增加机械和生物的杂草控制及水土保持措施，增加动物粪便和绿肥的使用，以增加土壤的营养物质和有机质；选用对人类、牲畜和环境无害、高效、低毒、无残留的农药，如广泛使用生物农药。充分认识到绿色无污染食品已是现代人类饮食消费的一大特点。

二、畜牧业的生产管理

(一) 家庭农场畜牧业生产的特点

畜牧业是利用动物的生理机能，通过饲养、繁殖取得动物产品或役用牲畜的生产行业，是农业的重要组成部分。家庭农场的畜牧业是通过饲养动物将饲料转化为营养丰富和人类乐用的肉、奶、蛋、毛，同时为种植业提供有机肥料。畜牧业的特点如下。

1. 畜牧业生产条件要求较高

畜牧业生产对象是有生命的动物性产品，在自然灾害、疫病袭击和自然条件不适应的情况下，动物不仅容易死亡，还会使繁殖成活率和畜产品生产量下降，而且在短时间内难以恢复。因此要努力创造良好的饲养条件，做好疫病防治工作，使畜禽健康生长。

2. 畜牧业生产周期比农作物要长

一般来说，家畜的生产周期是：猪 1 年、羊 2 年、牛 3 年。因此，要选用优良畜禽品种，采用先进饲养管理技术，加快畜禽出栏。

3. 畜产品具有鲜活性

畜产品在储藏、运输过程中容易损失和腐烂变质，所以，要特别做好畜产品的冷冻、储藏、加工、运输工作以及市场调查和市场预测工作，使畜禽生产能够符合市场的需要，让消费者购买到新鲜的畜产品。

4. 畜产品价值高，综合利用性强

畜产品几乎没有废弃物，是价值较高的商品。因此家庭农场应以养殖业为基础，开展加工配套的生产经营，积极提高畜产品的综合利用水平，获得更大的经济效益。

5. 畜牧业生产对种植业有较强的依赖性

畜牧业需要大量的饲料，同时又能给种植业提供大量的肥料。通过综合性经营，可以把畜牧业和种植业有机地结合起来，根据当地的生产习惯，给予二者不同的主次地位。

（二）畜种选择

由于不同畜种对饲料和饲养技术等要求存在很大的差异，家庭农场选择畜禽品种主要应考虑以下 3 个主要因素。

1. 市场需求

选择畜禽品种必须充分考虑市场需求的发展趋势，切忌凭主观臆想，盲目选择。主要是通过市场调查，了解大量的有关信息，再去分析、比较、评价，选择市场前景看好的畜禽品种，这样才能使自己的经营项目同市场需求相适应，以利于获得良好的经济效益。

2. 饲料供应状况

畜禽种类、品种、畜龄，体积大小不同对饲料要求存在差异。选择畜禽品种，必须考虑在本地区能够买到所需要的饲料，并有稳定的饲料来源，保证畜禽正常生长、发育的需要。一般地说，饲料粮多的地区宜选择猪、鸡等杂食畜禽，饲草多的地区宜选择牛、羊、鹅等草食畜禽。

3. 家庭农场自身条件

家庭农场资金、技术装备，劳动力、饲养经验、熟练程度等对畜种选择也会产生影响。资金雄厚可选择投资较多的畜种，如牛、羊。反之，则选择需投资较少的畜禽，如猪、鸡、鸭、鹅等。饲养经验和熟练程度也要作为条件考虑。

此外，选择畜种还应考虑一些其他条件，如当地气候条件，社会化服务能力，如防疫能力等。选择畜禽品种必须考虑到影响畜种选择的各种因素，并在此基础上进行综合分析，根据条件去选择。

(三) 畜群结构

畜群指饲养或放牧的同类畜种群体单位。畜群结构是指在一定时期内，某一畜种按性别、年龄、用途划分的畜组在畜群总头数中所占的比重。

确定合理的畜群结构，才能保证畜群再生产过程的正常进行，才能达到预期的生产目的和经济效益。畜群结构包括 3 个组成部分：用于繁殖的基本母畜和种公畜头数；用于更新和扩大繁殖的后备畜头数；用于育肥的幼畜和育肥畜头数。

影响畜群结构的因素如下。

1. 自然经济条件及饲养管理水平

气候、饲养资源、资金、技术和设备等条件的好坏，饲养管理水平的差异，都会直接关系成畜的繁殖成活率和幼畜死亡率的高低。

2. 饲养成畜的用途和效益

这也会影响畜群的结构。例如，乳用牛群，母畜的比重大于肉用牛群；毛用为主的羊群，母畜的比重则小于肉用或皮用羊群；以外向销售为主的养殖场，母畜比重必然较大。

3. 畜禽的生长发育及繁殖规律

大牲畜一般性成熟晚，怀孕期长，产仔少，饲养周期和使用期限长，母畜占的比重宜较大，后备畜、幼畜所占的比重可较小；小牲畜一般繁殖率高，应增大后备畜、幼畜比重，以维持正常的畜群结构。

4. 畜禽的配种方式和配种技术水平

采用自然交配方式的，所需要的种公畜就多。人工授精配种，则种公畜所占比重就小。用冷冻精液配种，可以不养公畜。

影响畜群结构的各种因素是错综复杂、发展变化的。每个家庭农场应根据上述各种因素及其变化情况，进行分析研究，因地制宜，合理调整畜群结构，以适应畜牧业生产发展的要求。

三、渔业的生产管理

(一) 渔业生产的特点

渔业生产既是自然再生产的过程，又是社会再生产的过程，二者相辅相成。一方面，渔业的自然生产以水体为媒介，其载鱼量是有限制的，且鱼体生长周期性长，季节性强，应充分把握水体产鱼的阶段性与生产潜力；另一方面，渔业生产时，又需要人来组织安排，使各项生产措施适应渔业生产的自然规律。渔业生产的地域差异明显，对于不同水域的不同生产方式，其产量和效益有很大差异。因此，在组织渔业生产时应考虑生产的布局，选择合适的饲养方式。如采用混养或综合养鱼，采用网箱或工厂化养鱼，会产生不同的收益。

渔业生产的对象在水体中不易看见，需要科学的饲料与管理的手段。如我国池塘养鱼传统的"八字精养法"——水、种、饵、密、混、轮、防、管措施是一种经验的总结，在现代渔业生产管理中仍有重大价值。

渔业生产与农业其他部门的生产联系极为密切。一方面，渔业生产主要依赖农业生产和产品，如饲料和饵料来源于种养殖业；另一方面，渔业为主体，带动许多部门的发展。

（二）在渔业生产管理上应注意的几个问题

1. 选种

鱼类生产的选种非常重要。人们利用现代生物技术培育出了许多具有优良性状的新品种，个体大，肉质鲜美，病虫害少，成活率高。

2. 注意采用集约化养殖模式

我国传统上采用池塘养鱼技术，其鱼产量约占淡水养殖总量的3/4。特点是成本低（养殖鱼类食物链短，很少用精料，采用混养方式，充分利用饵料和水体）、产量高。有条件的家庭农场可以选择集约化养鱼技术，虽然成本高些，但其产量更高、效益更好。

3. 特种水产品的养殖

青、草、鲢、鲤、鲫、鳊6种鱼是长期生产实践中选定的优良品种，是淡水渔业的主体。在稳住"当家鱼"的同时，家庭农场也要根据市场需求，因地制宜地发展特种水产品。特种水产品包括鱼类、两栖类和无脊椎动物中的某些水生种类。由于特种水产品能满足市场上求新、求异的消费心理，因而在一段时期内会呈现俏销的势头，家庭农场可以有较多的营利。但是饲养特种水产品的技术往往不成熟，人们消费量小，市场需求变化大，风险较高。家庭农场在经营特种水产品时，第一要掌握完整的生产技术；第二要认识到每种特种产品都有一个被市场接受，受市场欢迎，被市场淘汰的过程，家庭农场管理者要心中有数。当市场需求变化时要迅速调整自己的生产结构，收缩生产或转产。

第三节　农业产业化经营

一、农业产业化经营的含义

农业产业化经营其实质就是用管理现代工业的办法来组织现代农业的生产和经营。农业产业化经营是指以国内外市场为导向，以提高经济效益为中心，对当地农业的支柱产业和主导产品实行区域化布局、专业化生产、一体化经营、社会化服务、企业化管理，把产供销、贸工农、经科教紧密结合起来，形成一条龙的经营体制。

农业产业化经营主要包括3个方面：一是形成横向一体化经营，变弱小而分散的农户为一定规模的农业组织，降低生产成本和交易成本，提升农业生产者的市场地位；二是形成纵向一体化经营，改变农民单纯的生产初级原料的角色，以动植物生产为中心，向相关产业的下游进行延伸，鼓励进行深加工，提高收益水平和增加农民的可支配收入；三是实现农业生产经营的工厂化，克服农业自身的特点，强化对农业生产的人工控制，提高生产的稳定性和抗自然灾害的能力。

二、农业产业化经营模式

1. "龙头"企业带动型经营模式

"龙头"企业带动型经营模式，即公司+基地+农户模式。以公司或集团企业为主导，以农产品加工、运销企业为"龙头"，重点围绕一种或几种产品的生产、加工、销售，与生产基地和农户实行有机的联合，进行一体化经营，形成"风险共担，利益共享"的经济共同体。在实际运行中，公司企业联基地，基地联农户，进行专业协作。这种形式在种植业、养殖业特别是外向型创汇农业中最为流行，各地都有比较普遍的发展。

2. 市场带动型经营模式

市场带动型经营模式，即专业市场+基地农户的模式，是指以一个专业批发市场为主，与几个基地收购市场组成的市场群体。其中，区域性专业批发市场应具有较完备的软硬件服务设施和措施，并且具有较大的带动力，以带动周围大批农民从事农产品商品生产和中介贩卖活动，形成一个规模较大的农产品商品生产基地和几个基地收购市场，使区域性专业批发市场不仅成为基地农产品集散中心，而且成为本省乃至全国范围的农产品集散地。

3. 中介组织带动型经营模式

中介组织带动型经营模式，即"农产联"+企业+农户的模式。它是指以中介组织为依托，在某一产品的再生产全过程的各个环节上，实行跨区域联合经营，逐步建成以占领国际市场为目标，企业竞争力强，经营规模大，生产要素大跨度优化组合，生产、加工、销售相联结的一体化经营企业集团。这种类型的中介组织主要是行业协会，尤以"山东省农产品生产加工销售联席会议"（"农产联"）为典型代表。

4. 综合开发集团带动型经营模式

农业综合开发集团带动型经营模式，是指一些企业集团根据市场需要，发展某种支柱产业项目，并转包给农民，按照合同规定，实行统一品种、统一技术措施、统一收获期、统一收购、统一加工销售等，开发集团为农户提供全方位的服务，承包农户与综合开发集团形成利益共同体的一种产业化经营模式。

5. 主导产业带动型经营模式

主导产业带动型经营模式，是指从利用当地资源、发展特色产业和产品入手，多种经营起步，走产业化经营之路，发展一乡一业、一村一品，逐步扩大经营规模，提高产品档次，组织产业群、产业链，形成区域性主导产业和拳头产品的模式。

三、农业产业化经营的重要意义

1. 农业产业化经营是实现农民增收的主要渠道

近年来，农民收入增长缓慢，城乡收入差距进一步拉大。农民增收缓慢的内在原因是：农产品产量与农村劳动力"两个充裕"并存；农业生产劳动率和农产品转化加工率"两个过低"并存。发展农业产业化经营，可以促进农业和农村经济结构战略性调整向广度和深度进军，有效拉长农业产业链条，增加农业附加值，使农业的整体效益得到显著提高，可以促进小城镇的发展，创造更多的就业岗位，转移农村剩余劳力，增加农民的非农业收入；可以通过农业产业化经营组织与农民建立利益联结机制，使参与产业化经营的农民不但从种、养业中获利，还可分享加工、销售环节的利润，增加收入。

2. 农业产业化经营是提高农业竞争力的重要举措

加入世贸组织后，国际农业竞争已经不是单项产品，单个生产者之间的竞争，而是包括农产品质量、品牌、价值和农业经营主体、经营方式在内的整个产业体系的综合性竞争。积极推进农业产业化经营的发展，有利于把农业生产、加工、销售环节联结起来，把分散经营的农户联合起来，有效地提高农业生产的组织化程度；有利于应对加入世贸组织的挑战，按照国际规则，把农业标准和农产品质量标准全面引入农业生产加工、流通的全过程，创出自己的品牌；有利于扩大农业对外开放，实施"引进来，走出去"的战略，全面增强农业的市场竞争力。

3. 农业产业化经营是农业和农村经济结构战略性调整的重要带动力量

解决分散的农户适应市场，进入市场的问题，是经济结构战略性调整的难点，关系着结构调整的成败。农业产业化经营的龙头企业具有开拓市场、赢得市场的能力，是带动结构调整的骨干力量。从某种意义上说，农户找到龙头企业就是找到了市场。龙头企业带领农户闯市场，农产品有了稳定的销售渠道，就可以有效降低市场风险，减少结构调整的盲目性，同时也可以减少政府对生产经营活动直接的行政干预。农业产业化经营对优化农产品品种、品质结构和产业结构，带动农业的规模化生产和区域化布局，发挥着越来越显著的作用。

四、农业产业化经营能力的提升

加快提升新型职业农民具备农业产业化经营能力，促使传统的农民形态向职业化形态转变的合格的新型职业农民必须从下述几方面着手。

1. 积极开展市场调研，科学明确市场定位

参与农业产业化经营的基本前提是对当前的农产品市场进行调查，通过对农业产业市场调查和供求预测，根据农副产品（或服务）的市场环境、竞争力和竞争者，分析、判断相关农副产品（或服务）是否有市场，以及采取怎样的营销战略来实现销售目标或采用怎样的方式进入市场。主要包括以下几个方面。

（1）市场需求分析。现在农业产业市场供给量估计量和预测未来农副产品市场的供给能力。

（2）市场竞争格局。市场主要竞争主体分析，各竞争主体在市场上的地位，以及可能采取的主要竞争手段等。

（3）产品生命周期。通过市场分析确定产品的未来需求量、品种及持续时间；产品销路及竞争能力；产品规格品种变化及更新；产品需求量的地区分布等。

（4）政府支持政策。掌握各级政府对农业产业化经营给予的政策扶持情况，尤其是在国家高度重视农业的背景下，需要将农业产业化经营与国家发展农村经济的战略要求相吻合，既能获

得可靠的支持，又能成为我国调整农业产业结构、发展现代农业的重要力量。

（5）市场资源利用。充分利用现有的市场资源包括土地、资金、劳动力，甚至当前的农业产业基础条件，对参与农业产业化经营十分必要。

2. 把握自身条件，找准新型职业农民自身岗位

新型职业农民是将农业作为产业进行经营，并充分利用市场机制和规则来获取报酬，以期实现利润最大化的理性经济人，可以根据自身条件自主选择在农业一二三产业职业，专业从事农业生产、经营或服务工作。

生产型职业农民要掌握一定的农业生产技术，有较丰富的农业生产经验，直接从事园艺、鲜活食品、经济作物、创汇农业等附加值较高的农业生产。主要包括农民专业合作社社员以及在农场、基地、农业企业被雇佣的"农业工人"，如农艺工、蔬菜园艺工、淡水养殖工、花卉园艺工、家禽繁殖工、家禽饲养工、制种工、果树育苗工、农药生产工、饲料生产工、蔬菜加工工等。

服务型职业农民要掌握一定农业服务技能，并服务于农业产前、产中和产后的群体。主要包括为农业生产提供服务的专业人员等，如农产品经纪人、农资营销员、农作物植保员、动物防疫员、沼气生产工、农机驾驶员、农机修理工等。

经营型职业农民要有资金或技术，掌握农业生产技术，有较强的农业生产经营管理经验，主要从事农业生产的经营管理工作。主要包括农民合作经济组织、各类农协负责人以及规模种养大户、农场主、基地带头人、农业企业经理等。

一个新型职业农民参与农业产业化经营的最初形式可能有很多类型，但如何根据自身条件成为农业产业化经营的主体，不外乎以下几种情况：拥有相当市场资源者，可以举办农业产业化龙头企业；具备适度土地及农产品生产、加工、销售技术者，可以

以户、家庭、专业合作社等主体形式参与农业产业化经营；有专业技术特长者，可以成为农业产业工人。

在当前我国大力培育、培养新型职业农民的背景下，有培养教育基础的，将获得参与农业产业化经营的政府支持。

3. 开展针对性强的学历提升教育，提升新型职业农民的农业产业化经营能力

新型职业农民学习新知识新技术意愿强烈，提高综合素质和能力呼声很高，急需系统学习现代农业技术理论和科技文化知识，对培训内容要求也更加多样化，不仅涉及农业技术，而且还需要学习电脑、网络、信息、经营管理、农产品加工等多方面的知识，以提高生产经营和管理水平，适应农业现代化发展。

4. 发掘典型，加快提升新型职业农民农业产业化经营能力

目前我国的农业产业化经营总体还处于起步不久的初级阶段，在其具体的实现形式上，需要继续鼓励各地大胆探索，切忌扬此抑彼。各地已经探索出"公司+农户""企业+基地+农户""企业+农民合作等中介组织+农户"等诸多好形式，但还有潜力，还会有众多的"鲜活"形式不断涌现出来。在此其中，出现了一些新型职业农民农业产业化经营的"鲜活"典型，可以现身说法，加快提升新型职业农民农业产业化经营能力的步伐。

第四节　农产品市场营销

一、农产品市场营销的概念

一般来说，农产品市场是由消费者、购买欲望和购买力组成的。农产品市场营销的任务就是通过一定方法或措施激起消费者的购买欲望，在消费者购买范围内满足其对农产品的需求。农产品经营者的市场营销就是为了实现农产品经营者的目标，创造、

建立、保持与目标市场之间的互利交换和关系，而对农产品经营者的设计方案的分析、计划、执行和控制。

农产品市场营销，就是在变化的市场环境中，农产品经营者以满足消费者需要为中心进行的一系列营销活动，包括市场调研、选择目标市场、产品开发、产品定价、产品促销、产品存储和运输、产品销售、提供服务等一系列与市场有关的经营活动。

二、农产品市场营销的特点

农产品营销的特点和其他产品营销有很多相似性，但因其生产特点、产品特性和消费特点不同，又有与众不同的营销特点。

1. 农产品的生物性、鲜活性

农产品大多是生物性产品，如大米、面粉、蔬菜、瓜果、蛋禽、牛奶、花卉等，具有鲜活性、易腐性，并容易失去其鲜活性。如花卉、鱼、鲜牛奶等，存放时间很短。农产品一旦失去鲜活性，价值就大打折扣。

2. 消费需求的普遍性、大量性和连续性

人们对农产品的消费需求是生存的最基础的需求，农产品的基础性决定了其在需求上具有普遍性，它在满足人们生活基本需求、美化人们的生活等方面发挥着不可替代的作用。而且，数量巨大的人口，决定了对农产品需求的大量性。

另外，由于农产品是人们日常生活所必需的，虽然其生产具有季节性，但农产品的消费却是均衡的，无论是人们的日常消费，还是作为工业生产的原料，是常年和连续的。

3. 农产品品种繁多且可替代性强

一方面，农产品种类规格繁多，无以计数；另一方面，由于农产品的基本功能相似，所含的基本成分类似和基本用途相同，从而造成了农产品之间具有很强的替代性，这些都决定了农产品贸易的复杂性和难度。例如，白菜价格高涨，萝卜的需求就会增加。因此，农产品的生产、保存、技术非常复杂，难度很大。可以说，农产品是技术、资金、劳动力集约化程度很高的产业。

4. 农产品产销矛盾突出、价格波动大

农产品的生产有着较强的季节性与地域性，在产地的生产季节，农产品的上市量非常大，时间也很集中。例如，水果的收获旺季大多在每年的秋季，此时上市的果品特别多，梨、柑橘、苹果等大量水果都集中在此时上市，导致价格下降。又如，柑橘一般只能在南方生产，苹果多在北方生产，所以北方市场的苹果价格低，而柑橘价格高；南方市场的情况则相反。由于生产的季节性、地域性等原因，导致农产品的价格波动比较大。在供过于求的集中上市季节，产品价格会很低；而在供应不足的淡季，产品的价格会非常高。

5. 农产品的质量受产地因素影响较大

农产品在长期的自然进化过程中形成了与当地自然环境条件相适应的生态习性，因此农产品的质量在很大程度上受产地的自然环境因素的影响。同一品种的农产品在不同地方栽培有不同的产品质量。例如，新疆栽培的哈密瓜可能比在其他地方栽培的哈密瓜要甜得多。

6. 农产品的储藏、运输难

部分农产品属于鲜活产品，容易腐烂，不易于储藏和运输，而且有些农产品单位体积较大而价格相对较低，其运输费用相对较高。因此，一方面，要采取各种灵活有效的促销手段，制定合理的销售价格，力争就地多销快销，减少产品损耗；另一方面，要加强产品的产品化处理，采用先进技术，进行农产品的保鲜和储藏，降低产品储藏腐烂率，并选择灵活的流通方式，保持畅通的运输渠道，利用便捷的交通工具和运输路线，尽量减少运输损失，以取得较好的经济效益，达到农产品经营者营销的目标。

7. 农产品的价值低、利润低

农产品的体积较大、单位体积的价值低，运输、储藏成本高等。例如，一袋 25 千克的面粉售价仅几十元，从小麦收购开始，需要经过粮商收购，运输到面粉加工厂、面粉加工厂加工后，送到超市门店，就需要两次长距离的运输及多次搬运，其运输及搬运的成本就得达到 10% 以上。经营面粉的利润还不如搬运费用。

8. 大宗农产品的营销相对稳定小宗农产品的营销变化无常

需求量巨大的农产品市场需求及供应量相对稳定，市场变化比较平稳。而小宗农产品的需求变化巨大而供应量相对变化也较大，两者变化重叠或反向导致价格剧烈变化。市场上经常出现的"蒜你狠""姜你军"就是典型的例子。

三、农产品营销渠道类型

1. 农产品批发市场销售

农产品批发市场销售是指通过建立影响力大、辐射能力强的农产品专业批发市场来集中销售农产品。

优点：销售集中和销量大，能够实现快速集中运输、妥善储藏、加工及保鲜。

缺点：农民经纪人在从事购销经营活动中，一手压低收购价，一手抬高销售价，不仅农民利益受损，而且往往造成当地市场价格信号失真，管理混乱；专业市场信息传递途径落后、对市场信息分析处理能力差；市场配套服务设施不健全。

2. 销售公司销售

通过区域性农产品销售公司，先从农户手中收购产品，然后外销。农户和公司之间的关系可以由契约界定，也可以是单纯的买卖关系。

优点：可以有效缓解"小农户"与"大市场"之间的矛盾。

缺点：风险高，特别是就通过契约和合同来确立农户与公司关系的模式而言，由于组织结构相对复杂和契约约束性弱等原因，使这种模式具有较大风险；销售公司和农户之间缺乏有效的法律规范。

3. 合作组织销售

通过综合性或区域性的社区合作组织（如流通联合体、贩运合作社专业协会等销售农产品。购销合作组织和农民是利益共沾、风险共担的关系。

优点：既有利于解决"小生产"和"大市场"的矛盾，又有利于减小风险；购销组织也能够把分散的农产品集中起来，为农产品的再加工和增值提供可能。

缺点：合作组织普遍缺乏作为市场主体的有效法律身份，不利于解决销售过程中出现的法律纠纷；合作组织普遍缺乏资金，因而普遍缺乏开拓市场的能力；农民参加合作组织的自愿、自主意识不强，并且其本身的运行缺乏动力，决策风险较高。

4. 贩运大户销售

优点：稳定性好，由于销售大户的收益直接取决于其销量，因而"大户"具有很高的积极性，他们会想尽各种办法，如定点销售与零售商分成等方式来稳定销量。

缺点：贩运大户大多是农民，对市场经济知识缺乏深入了解，销售能力有限，而且他们本人又承担巨大风险，如对于进行农产品外运的大户来说，会遇到诸多困难，像天气、运输、行情等。

5. 农户直接销售

农产品生产农户通过自家人力、物力把农产品销往周边或其他各地区。

优点：销售灵活；农民的获利大，农户自行销售避免了经纪人、中间商、零售商的盘剥，能使农民获得实实在在的利益。

缺点：销量小，即使是农业生产大户，主要依靠自己的力量销售农产品，毕竟很有限，而且难以形成规模效应；一些农民法律意识、卫生意识淡薄，容易受到城市社区的排斥。

6. 农业企业销售

即农业企业将自己生产的农产品，或加工过的农产品销售给中间商或直接销售给消费者。

优点：一旦有了知名品牌后，企业就可以获得超过产品本身的超额价值。

缺点：一个品牌的创建初期需要投入大量的人力、物力和财力，这也许是很多小的农业企业所不能承受的。

四、农产品营销策略

1. 高品质化策略

随着人们生活水平的不断提高，对农产品品质的要求越来越高，优质优价正成为新的消费动向。要实现农业高效，必须实现农产品优质，实行"优质优价"高产高效策略。把引进、选育和推广优质农产品作为抢占市场的一项重要的产品市场营销策略。淘汰劣质品种和落后生产技术，以质取胜，以优发财。

2. 低成本化策略

价格是市场竞争的法宝，同品质的农产品价格低的，竞争力就强。生产成本是价格的基础，只有降低成本，才能使价格竞争的策略得以实施。要增强市场竞争力，必须实行"低成本、低价格"策略。加大领先新技术、新品种、新工艺、新机械、减少生产费用投入，提高产出率；要实行农产品的规模化，集约化经营，努力降低单位产品的生产成本，以低成本支持低价格，求得经济效益。

3. 大市场化策略

农产品销售要立足本地，关注身边市场，着眼国内外大市场，寻求销售空间，开辟空白市场，抢占大额市场。开拓农产品市场，要树立大市场观念，实行产品市场营销策略，定准自己产品销售地域，按照销售地的消费习性，生产适销对路的产品。

4. 多品种化策略

农产品消费需求的多样化决定了生产品种的多样化，一个产品不仅要有多种品质，而且要有多种规格。要根据市场需求和客户要求，生产适销对路的各种规格的产品。实行"多品种、多规格、小批量、大规模"策略，满足多层次的消费需求，开发全方位的市场，化解市场风险，提高综合效益。

5. 反季节化策略

因农产品生产的季节性与市场需求的均衡性的矛盾带来的季节差价，蕴藏着巨大的商机。要开发和利用好这一商机，关键是要实行"反季节供给高差价赚取"策略。实行反季节供给，主要有3条途径：一是实行设施化种养，使产品提前上市；二是通过储藏保鲜，延长农产品销售期，变生产旺季销售为生产淡季销售或消费旺季销售；三是开发适应不同季节生产的品种，实行多品种错季生产上市。实施产品市场营销策略。要在分析预测市场预期价格的基础上，搞好投入—产出效益分析，争取好的收益。

6. 嫩乳化策略

人们的消费习惯正在悄悄变化，粮食当蔬菜吃，黄豆要吃青毛豆，蚕豆要吃青蚕豆，猪要吃乳猪，鸡要吃仔鸡，市场出现崇高嫩鲜食品的新潮。农产品产销应适应这一变化趋向，这方面发展潜力很大。

7. 土特化策略

近年来，人们的消费需求从盲目崇洋转向崇尚自然野味。热衷土特产品，蔬菜要吃野菜，市场要求搞好地方传统土特产品的开发，发展品质优良特产。风味独特的土特产品，发展野生动物。野生蔬菜，以特优质产品抢占市场，开拓市场，不断适应变化着的市场需求。

8. 加工化策略

发展农产品加工，既是满足产品市场营销的需要，也是提高农产品附加值的需要，发展以食品工业为主的农产品加工是世界农业发展的新方向、新潮流。世界发达国家农产品的加工品占其生产总量的90%，加工后增值2~3倍；我国加工品只占其总量的25%，增值25%，我国农产品加工潜力巨大。

9. 标准化策略

我国农产品在国内外市场上面临着国外农产品的强大竞争，为了提高竞争力，必须加快建立农业标准化体系，实行农产品的标准化生产经营。制定完善一批农产品产前、产中、产后的标准，形成农产品的标准化体系，以标准化的农产品争创名牌，抢占市场。

10. 名片化策略

一是要提高质量，提升农产品的品位，以质创牌；二是要搞好包装，美化农产品的外表，以面树牌；三是开展农产品的商标注册，叫响品牌名牌，以名创牌；四是加大宣传，树立公众形象，以势创牌。要以名牌产品开拓市场。

第八章　农产品电子商务和品牌建设

第一节　农产品电子商务概述

一、农产品电子商务的概念

1. 农产品电子商务的定义

农产品电子商务就是指围绕农村的农产品生产、经营而开展的一系列的电子化的交易和管理活动，包括农业生产的管理、农产品的网络营销、电子支付、物流管理以及客户关系管理等。它是以信息技术和网络系统为支撑，对农产品从生产地到顾客手上进行全方位、全过程的管理。发展农产品电子商务具有全局性、战略性和前瞻性，与国家建设社会主义新农村的战略相一致。

作为农产品电子商务平台的实体终端要直接扎根于农村，服务于"三农"，真正使"三农"服务落地，使农民成为这一平台的最大受益者。

农产品电子商务平台配合密集的乡村连锁网点，以数字化、信息化的手段、通过集约化管理、市场化运作、成体系的跨区域跨行业联合，构筑紧凑而有序的商业联合体，降低农村商业成本、扩大农村商业领域、使农民成为平台的最大获利者，使商家获得新的利润增长点。

农产品电子商务服务包含网上农贸市场、数字农家乐、特色旅游、特色经济和招商引资等内容。一是网上农贸市场。迅速传递农、林、渔、牧业供求信息，帮助外商出入属地市场和属地农民开拓国内市场、走向国际市场。进行农产品市场行情和动态快递、商业机会撮合、产品信息发布等内容。二是特色旅游。依托当地旅游资源，通过宣传推介来扩大对外知名度和影响力，从而全方位介绍属地旅游线路和旅游特色产品及企业等信息，发展属地旅游经济。三是特色经济。通过宣传、介绍各个地区的特色经济、特色产业和相关的名优企业、产品等，扩大产品销售通路，加快地区特色经济、名优企业的迅猛发展。四是数字农家乐。为属地的农家乐（有地方风情的各种餐饮、娱乐设施或单元）提供网上展示和宣传的渠道。通过运用地理信息系统技术，制作全市农家乐分布情况的电子地图，同时采集农家乐基本信息，使其风景、饮食、娱乐等各方面的特色尽在其中，一目了然。既方便城市百姓的出行，又让农家乐获得广泛的客源，实现城市与农村的互动，促进当地农民增收。五是招商引资。搭建各级政府部门招商引资平台，介绍政府规划发展的开发区、生产基地、投资环境和招商信息。

2. 农业电子商务的定义

农业电子商务是指利用互联网、计算机、多媒体等现代信息技术，为从事涉农领域的生产经营主体提供在网上完成产品或服务的销售、购买和电子支付等业务交易的过程。农业电子商务是一种全新的商务活动模式，它充分利用互联网的易用性、广域性和互通性，实现了快速可靠的网络化商务信息交流和业务交易。

农业电子商务以农业网站平台为主要载体，为农业电子商务提供服务，或直接完成、实现电子商务，或直接经营商务业务的过程。农业电子商务，是一个涉及社会方方面面的系统工程，包括政府、企业、商家、消费者、农民以及认证中心、配送中心、物流中心、金融机构、监管机构等，通过网络将相关要素组织在一起，其中信息技术扮演着极其重要的基础性的角色。在传统社会经济活动过程中，一直就存在两类经济活动形式：一个是企业之间的经济活动，另一个是企业和消费者之间的经济活动。从经济活动来说，无论是企业之间，还是企业与个人之间，只存在两种经济活动内容：一种是提供产品，另一种是提供服务。

电子商务日益广泛的应用显著地拉动第三产业的发展，创造了大量的就业和创业机会，并在促进中小企业融资模式创新、推进企业转型、建立新型企业信用评价体系等方面发挥了积极的作用。

电子商务具有更广阔的环境：人们不受时间的限制，不受空间的限制，不受传统购物的诸多限制，可以随时随地在网上交易。在网上这个世界将会变得很小，一个商家可以面对全球的消费者，而一个消费者可以在全球的任何一家商家购物。使用电子商务能够实现更快速的流通和低廉的价格，电子商务减少了商品流通的中间环节，节省了大量的开支，从而也大大降低了商品流通和交易的成本。

3. 农村移动电子商务的定义

农村移动电子商务是指在建立农村移动电子商务平台的基础上，通过手机终端和农信通电子商务终端，建立起覆盖"县城大型连锁超市、乡镇规模店、村级农家店"的现代农村流通市场新体系，推进工业品进村、农产品进城、门店资金归集三大应用，实现信息流的有效传递、物流的高效运作、资金流的快捷结算，促进农村经济发展。以农产品进城为例，之前农产品的买方与卖方缺少信息沟通与交易的第三方中介，信息沟通与农产品交易不畅，推广农村移动电子商务后，农产品生产方（农户）与农产品购买方（城区超市）将建立起信息交互新模式，城区超市配送中心通过"农信通"电子商务终端向农村门店发出农产品收购需求，农村门店将信息发送到种养、购销大户手机上，确认采购意向后，再与城区超市配送中心确认订单，种养大户将相应农产品供应至农家店，城区超市配送中心在配送工业品的同时收购农产品返回城市。

二、农产品电子商务的交易特征

农产品电子商务的交易除了具备虚拟化、透明化、高效率、低成本等特点外，还具有一些局限性，如交易受制于产品标准化、物流配送能力、关键技术水平、运营规模、文化与法律障碍等因素。

1. 虚拟化

通过互联网进行的贸易，贸易双方从贸易磋商、签订合同到支付等一系列过程，无须当面进行，均通过互联网完成，整个交易完全虚拟化。对卖方来说，可以到网络管理机构申请域名，制作自己的主页，组织农产品信息上网。而虚拟现实、网上聊天等新技术的发展使买方能够根据自己的需求选择所要购买的农产品，并将信息反馈给卖方。通过信息的推拉互动，签订电子合同，完成交易并进行电子支付。整个交易都在网络这个虚拟的环境中进行。

2. 透明化

买卖双方从交易的洽谈、签约到货款的支付、交货通知等整个交易过程都在网络上进行。通畅、快捷的信息传输可以保证各种信息之间互相核对，防止伪造信息的流通。如在典型的许可证EDI系统中，由于加强了发证单位和验证单位的通信、核对，假的许可证就不易漏网。海关EDI也能帮助杜绝边境的假出口、兜圈子、骗退税等行径。

3. 高效率

由于互联网络将贸易中的商业报文标准化，使商业报文能在世界各地瞬间完成传递与计算机自动处理，原料采购，产品生产、需求与销售，银行汇兑、保险，货物托运及申报等过程无须人员干预，而在最短的时间内完成。传统贸易方式中，用信件、电话和传真传递信息必须有人的参与，且每个环节都要花不少时间。有时由于人员合作和工作时间的问题，会延误传输时间，失去最佳商机。电子商务克服了传统贸易方式费用高、易出错、处理速度慢等缺点，极大地缩短了交易时间，使整个交易非常快捷与方便。

4. 低成本

电子商务使农产品买卖双方的交易成本大大降低。具体表现在以下几方面。

（1）买、卖双方通过网络进行农产品商务活动，无须中介参与，减少了交易的有关环节。

（2）交易中的各环节发生变化。网络上进行信息传递，相对于原始的信件、电话、传真而言成本被降低；卖方可通过互联网络进行产品介绍、宣传，大大节省了传统方式下做广告、发印刷品等宣传费用；互联网使买卖双方即时沟通供需信息，使农产品无库存生产和无库存销售成为可能，库存成本降到极低，甚至实现零库存。

（3）企业利用内部网（Intranet）实现"无纸办公（OA）"，90%的文件处理费用被削减，提高了内部信息传递的效率，节省时间，并降低管理成本。通过互联网把公司总部、代理商以及分布在其他地区的子公司、分公司联系在一起，及时对各地市场情况作出反应，即时生产，即时销售，降低存货费用，采用快捷的配送公司提供交货服务，从而降低产品成本。

三、农产品电子商务发展的意义

1. 拓宽农产品销售渠道

目前，我国农产品流通体系不仅在实现正常的产品流通上尚有问题，而且功能也不完善，更不能起到有效引导和组织生产的作用。农民虽然在多方面已经努力地去适应市场的需要，但在销售方面显然与市场经济的要求相去甚远，不能主动地选择最有利的市场去销售，而是被动地等待市场的选择。电子商务的发展无疑为解决农业发展中农产品的流通问题提供了广阔的空间，利用电子商务技术改造传统经济下的流通过程，形成由信息流、资金流、物流、商流组成的并以信息流为核心的全新流通流程，推动农业的新发展。通过电子商务构建的网络商务平台，可以实现农产品流通的规模化、组织化。一方面，可以使交易双方处于信息对等的地位，避免了由于信息不对称而造成的利益损失；另一方面，还提供了一种新的农产品销售渠道和方式，让供求双方最大可能的直接进行交易，从而减少交易环节，降低交易成本。

2. 加速农业信息流通

以家庭为单位的小规模生产使农业生产者之间基本上不存在信息交流，农户以经验来进行生产，这种被动产销局面使农户收入徘徊不前。电子商务的运用，使农产品供需双方可以跨越时间和地域的界限，做到及时沟通，依据市场信息情况合理定产，避免了市场波动带来的效益不稳定，降低了农业生产市场风险。

3. 促进农产品流通，发展现代物流

在我国，农产品流通不畅已成为阻碍农业和农村经济的健康、协调、可持续发展，影响农民增收乃至农村稳定的重要因素之一。农产品销售难的问题，实质是小农经济的生产经营与大市场、大流通不相适应矛盾的表现；是农产品生产、技术、加工、流通渠道不畅、信息传递缓慢，农产品流通的网点、规模、设施等与农产品生产规模的发展需求极不相称的结果。现代农村市场商品流通体系尚未建立，从某种意义上来讲阻碍了农业的发展。因此，通过电子商务可以加快农产品流通，发展现代物流、连锁经营等新型业态和流通方式。

4. 加快农业信息化进程

农业生产不仅要承受市场风险，而且要承受自然风险。加强农业信息系统建设在一定程度上能降低风险对农业的不利影响。从市场风险上看，农业市场风险在很大程度上是由于农业信息传递速度缓慢、信息准确性不高等多种因素而引起的生产和经营的盲目性。农民获得的信息越充分，投资和生产决策越准确，市场风险就越小。因此，加强农业信息系统建设有利于降低农业的市场风险。从自然风险看，现代生物技术特别是转基因技术的发展，大大增强了农作物抵抗自然环境突变的特性（如农作物的抗旱性、抗虫性等），现代生物技术的发展及其在农业生产中的广泛运用，无疑有利于降低农业的自然风险。由于农业信息系统建设有利于缩短农业技术供给方和需求方之间的距离，推动农业高新技术的产业化进程，因而也有利于降低农业面临的自然风险，农业龙头企业电子商务建设与应用将加快农业信息化的进程。

5. 提高农业国际竞争力

在经济全球化的大背景下，农业能否发展的关键在于能否从根本上提高农业的国际竞争力。农产品国际竞争力是农产品价格竞争力、农产品质量竞争力和客户信誉竞争力三方面复合而成的。完善的农产品电子商务系统有利于从根本上提高农业的国际竞争力。农产品电子商务是世界农业发展的必然趋势和农业现代化的新内容，在经济全球化快速发展的背景下，特别是加入WTO 以后，我国国内农产品市场和国际农产品市场进一步整合，农产品电子商务逐步成为农产品交易的基本策略。

第二节 创办农产品电子商务

一、选好交易平台

1. 国内主要农产品电商

目前涉及农产品网购的电商可以细分为四类。

（1）综合型电商。以淘宝、天猫、京东商城、1号店、亚马逊等为代表，这类电商目的是做全品类，生鲜是其全品类战略中必然会涉及的，做生鲜短期内不一定盈利，但为增加消费黏性不得不做。其模式主要是吸引各个生鲜厂家入驻自己的平台，并由入驻厂家自行负责冷链配送，只负责监管，生鲜配送对其来说属于战略性亏损的品类。

（2）垂直电商。主要包括中粮我买网、沱沱工社、优菜网、本来生活网、优果网、易果网等，它们是专门从事食品网络零售的垂直网站，以生鲜产品为主打，配有自己的冷链配送服务，这类生鲜电商打造的是"不是卖商品，卖的是生活品质"，保证生鲜食品优质、高端。但出于成本等各项考虑，只在某一个或几个城市运营，具有明显的区域特征。

（3）物流企业。2012年5月顺丰优选正式上线运营，作为物流企业，它依托自身强大的物流体系优势，发展生鲜电商。想要做平台必须拥有足够的用户数，以顺丰优选现在的用户数量，根本无力和淘宝、京东竞争，此类企业发展生鲜电商实则是为自己未来的冷链物流体系建设进行铺路。

（4）线下超市。线下超市依托自己的线下体系优势发展线上生鲜服务，对这类企业而言，网上只是宣传路径而已，它利用门店辐射范围进行配送，减少了成本，缩短了配送周期，但大部分业务仍在线下。

2. 适合初创者的交易平台

我要在哪里去卖？寻找适合的农产品交易平台非常重要。通常来说，农产品销售平台主要有下列几种。

（1）选择大型的零售网站销售。例如，国内著名的淘宝网、拍拍、慧聪网等，这些网站现在门槛都是免费的，只要了解基本的电脑应用知识，拍摄好自己的农副产品，传到网店就可以开始网络经营，非常方便，如果你用心去经营，取得好的经济效益也不是很难。

（2）自建网站网络销售。一是建立自己的商品销售网站，目前有不少公司如中国企业网、中贸网等，它们可以为公司客户提供建设网站的服务，如域名注册、建立企业邮箱、注册各大搜索引擎、制作网页等，这些成套服务对于那些没有自己独立网站的企业无疑是很便利的。其成本也不昂贵，租用一个普通的网站空间费用约为1 000元/年，买一个网站程序需约2 000元，如果再建一个交流论坛，一年花费约500元。

（3）通过搜索引擎推广销售。建立自己的独立销售网站以后，也可以通过百度和谷歌等搜索引擎进行网络推广，效果非常明显，但是目前推广费用已经不便宜了。如果农副产品确实已经有非常成熟的销售模式，建议通过搜索引擎推广方式。

（4）地方政府的专门农副产品网站。现在各个地方政府都非常重视农副产品的网络销售，很多地方政府都建立了农副产品的专业网站，如浙江的"农村富民网"等，因为是政府推动，而且是公益性的，不仅投入非常小，而且可以有非常好的收益。

（5）专业的农副产品行业网站。现在中国电子商业网站中有很多优秀的行业网站，"中国惠农网"都是实实在在帮助农民网络销售的好站点。多去浏览此类网站，掌握农副产品信息，如最新价格走向、市场趋势等。

（6）综合类B2B网站。如果你的企业是做小额批发业务的，选择阿里巴巴等大型的B2B网站也是非常不错的，阿里巴巴现在的年费为6 688元。

（7）博客、社区、论坛、IM。通过博客营销、社区营销、论坛营销同样能帮你做好农副产品的在线销售，此类销售方式的特点是基本免费，而且如果利用得好也可以取得立竿见影的效果。

二、选择适合品种

当前农产品电商的市场竞争异常激烈，选择适合电商的农产品类型尤其重要。我要在网上做什么？卖东西、做服务、做特色、做开发、做商人等疑问需要去定格。郑伦在《如何做好农产品和生鲜类电子商务——产品战略》一文中，在不考虑生鲜电商不同模式的前提下，从生鲜产品的利润和电商的难易度两个属性对产品进行划分，利用二维四象限图，如下图所示，将适合电商的农产品划分为以下4类，可供电子商务创办者参考。

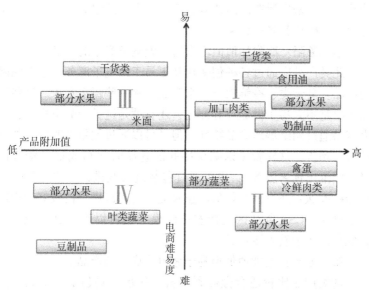

图　适合电商的农产品二维四象限图

第一象限：高附加值且易于做电子商务的产品。

这类产品应该作为主打产品和主要营利来源。从经验而谈，一些高端干货、食用油、水果、牛奶和一些加工后易储存及运输的肉类。这些产品一方面附加值比较高，另一方面比较容易储存和配送。这方面有一些做得比较好的例子：如农人网主打干货、茶叶和一些容易储存配送的水果；和乐康主打美国进口有机牛奶；还有很多鲜果类的电商，其主要盈利产品也都是那些附加值高易配送且品质有保障的水果。

这个象限的产品竞争激烈，为保障和加强竞争优势，以下一些做法可以参考。和乐康跟其主打产品美国有机谷有机牛奶签订总代理协议，从渠道上保住优势；农人网不做自己品牌，而且让每个农人突出自己的故事，把自己定位在建立人与食物亲密关系的平台；本来生活在产品选购上下足功夫，推超级买手制，如褚时健的褚橙让其名声大振。

第二象限：高附加值但不太易于做电子商务的产品。

此类产品应通过各种创新让其更易于做电子商务。这个象限的产品：禽蛋类、冷鲜肉类、水产品类和一些蔬菜水果。这些产品主要是不太易于做储存和配送，还有就是这类产品不标准，不太容易通过网络展示商品特性。但是可以通过创新来改变，如可以进行预售，这样就可以减少中间的仓储时间和成本（淘宝已经开始推出预售服务）；也可通过包装进行改进，主要是如何进行冷链配送；还有就是如何防止碰撞，可以跟做得比较好的冷链配送合作，CSA 暨社区支持农业的模式也可以改善这一点，这让农产品跟消费者更接近。

第三象限：附加值低但易于做电子商务的产品。

此类产品比较适合做微利多量（扩展市场份额，扩大用户数），或者提升某些产品的附加值，让其更多到第一象限。此类产品比较容易理解，如一些干货类、米面（米面主要是太重，物流费用高）。此类产品里面还有一些根茎类蔬菜和一些水果。

第四象限：低附加值且不易做电子商务的产品。

此类产品主要是那些叶菜类蔬菜、豆制品、水产品。这里产品一般不要做电子商务，除了以下几种情况。

（1）附加值高一点的有机蔬菜且能够跟其他产品一起配送（单次仅配送有机蔬菜相对成本过高）。

（2）豆制品不易储存其附加值低，可作为搭配销售。

（3）预售或者是定期配送模式。

三、做好前期准备

1. 做好准备

一是学习网络基础知识。掌握最基本的方法、思路和形式，可以向身边熟人请教一些互联网的基础应用知识，也可以利用一些书籍或者网上视频教程来学习（只需要利用百度搜索一下）。二是做好农产品发布信息，填写原则是描述清新、图文并茂、价格合理，并正确填写联系方式。三是做推广宣传和优化。首先让客户知道你，而如何找到你，就要做推广宣传和优化。当然在这样做的同时，也得借助网络去寻求客户。客户找你、你找客户，两相结合。四是做好物流、售后服务。这个很好解决，找固定的物流和快递公司，长期合作，省时省力省钱。质量是生命，价格是根本，服务是保障，现在很注重服务，售后服务一定要做好。

2. 创建品牌农产品

农产品电商的迅猛增长，可能会使一些农民或农产品生产经营者误以为只要有电脑或者智能手机，学会操作，就可以销售农产品赚钱了。从我国不同农产品的电子商务发展业绩来看，不是所有农产品都适宜通过网上或者电子交易。比较而言，一些耐储存的农产品，如黑木耳、核桃，特别是全国知名的优势特色农产品，如新疆的大枣、内蒙古的奶酪、宁夏的枸杞，通过网上或者电子交易实现远距离跨省销售，显示出强大的活力。值得一提的是，有品牌的农产品通过电商交易可能会获得成功。对于农产品生产经营者来说，发展农产品电商等交易业务能否成功，关键在于是否具有或者形成品牌效应。

四、撰写商业计划书

1. 撰写商业计划书的必要性

商业计划书是一份全方位描述企业发展的文件，是企业经营者素质的体现，是企业拥有良好融资能力、实现持续发展的重要条件之一。一份高品质且内容丰富的商业计划书，将会使投资者更快、更好地了解投资项目，将会使投资者对项目有信心、有热情，能够吸引投资者、特别是风险投资家参与项目，最终起到为项目募集资金的作用。它是企业或项目单位为了达到招商融资和其他发展目标之目的，在经过对项目调研、分析以及收集整理有关资料的基础上，根据一定的格式和内容的具体要求，向投资商及其他相关人员全面展示企业项目目前状况和未来发展潜力的书面材料；商业计划书是包括项目筹融资、战略规划等经营活动的蓝图与指南，也是企业的行动纲领和执行方案。

总之，商业计划书是争取风险投资的敲门砖。投资者每天会接到很多商业计划书，商业计划书的质量和专业性就成了企业融资成功与否的关键点。企业家在争取获得风险投资之初，首先应该将商业计划书的制作列为头等大事。

2. 商业计划书的编制要点

（1）辨认和明确你的主意和目标。明确并能阐述清楚你的创业项目以及发展目标，伟大的企业都是一步一步脚踏实地走出来的。

（2）团队比任何主意和计划更重要。团队的重要性显而易见，这也是你获得投资融资的关键，创业需要做好的前三件事是人，人，还是人。

（3）大思考。大处着眼、小处着手，这是创业者必须遵循的路线，仰望星空同时也要脚踏实地。

（4）注重已经十分明确的市场、分市场和市场间隙。专注自己所在的创业领域，争取成为细分市场的领头羊。

（5）了解你的商业模式。清楚地知道你的商业模式。没有人会关心没有商业价值的项目。实际的赚钱能力将比财务预估重要得多。

3. 商业计划书的编制要求

编写商业计划书的直接目的是寻找战略合作伙伴或者风险投资资金，其篇幅既不能过于烦琐，也不能过于简单。一般而言，项目规模越庞大，商业计划书的篇幅也就越长；如果企业的业务单一，则可简洁一些。具体要求如下。

（1）内容真实。商业计划书涉及的内容以及反映情况的数据，必须绝对真实可靠，不允许有任何偏差及失误。其中，所运用的资料、数据，都要经过反复核实，以确保内容的真实性。

（2）预测准确。商业计划书是投资决策前的活动，具有预测性及前瞻性。它是在事件没有发生之前的研究，也是对事务未来发展的情况、可能遇到的问题和结果的估计。因此，必须进行深入的调查研究，充分地占有资料，运用切合实际的预测方法，科学的预测未来前景。

（3）论证严密。论证性是商业计划书的一个显著特点。要使其有论证性，必须做到运用系统的分析方法，围绕影响项目的各种因素进行全面、系统的分析，包括宏观分析和微观分析两方面。

第三节　农产品包装设计

一、农产品的包装功能

包装的好坏影响商品能否以完美的状态传达到消费者手中，包装的设计和装潢水平直接影响产品形象乃至商品本身的市场竞争。

农产品的包装功能主要有四个方面。

1. 保护商品

包装最重要的作用就是保护商品。商品在贮存、运输等流通过程中常会受到各种不利条件及因素的破坏和影响，采用合理的包装可使商品免受或减少这些破坏和影响，以达到保护商品的目的。

对食品产生破坏的因素大致有两大类：一类是自然因素，包括光线、氧气、水及水蒸气、高低温、微生物、昆虫、尘埃等，可引起食品变色、氧化、变味、腐败和污染等；另一类是人为因素，包括冲击、振动、跌落、承压载荷、人为盗窃污染等，可引起内装物变形、破损和变质等。

不同食品、不同的流通环境，对包装的保护功能的要求是不一样的。例如，饼干易碎、易吸潮，其包装应防潮、耐压；油炸豌豆极易氧化变质，要求其包装能阻氧避光照；生鲜食品的包装应具有一定的氧气、二氧化碳和水蒸气的透过率。因此，包装工作者应首先根据包装产品的定位，分析产品的特性及其在流通过程中可能发生的质变及其影响因素，选择适当的包装材料、容器及技术方法对产品进行适当的包装，保护产品在一定保质期内的质量。

2. 方便贮运

包装能为生产、流通、消费等环节提供诸多方便。例如，能方便厂家及运输部门搬运装卸，方便仓储部门堆放保管，方便商店的陈列销售，也方便消费者的携带、取用和消费。现代包装还注重包装形态的展示方便、自动售货方便及消费时的开启和定量取用的方便。一般来说，产品没有包装就不能贮运和销售。

3. 促进销售

包装是提高商品竞争能力、促进销售的重要手段。精美的包装能在心理上征服购买者，增加其购买欲望。在超级市场中，包装更是充当着无声推销员的角色。随着市场竞争由商品内在质量、价格、成本竞争转向更高层次的品牌形象竞争，包装形象将直接反映一个品牌和一个企业的形象。

4. 提高商品价值

包装是商品生产的继续，产品通过包装才能免受各种损害而避免降低或失去其原有的价值。因此，投入包装的价值不但在商品出售时得到补偿，而且能给商品增加价值。

包装的增值作用不仅体现在包装直接给商品增加价值上（这种增值方式是最直接的），而且更体现在通过包装塑造名牌所体现的品牌价值这种无形的增值方式上。当代市场经济倡导名牌战略，同类商品名牌与否差值很大。品牌本身不具有商品属性，但可以被拍卖，通过赋予它的价格而取得商品形式，而品牌转化为商品的过程可能会给企业带来巨大的直接或潜在的经济效益。包装的增值策略运用得当将取得事半功倍的效果。

二、农产品的包装设计

（一）农产品的外包装设计内容

农产品的外包装设计指选用合适的包装材料，运用巧妙的工艺手段，为包装农产品进行的容器结构造型和包装的美化装饰设计。设计一个农产品的销售包装，包括以下三个方面的内容：外形、构图和材料。

1. 外形

农产品外包装设计的外形可以理解为一个人的身材，主要包括形状、大小和尺寸。在设计时第一考虑的因素是农产品的销售渠道，如果是在货架上销售，最好是方形，大小和尺寸也要合适，因为只有这样才能摆得上货架。如果是非货架销售，那么就可以考虑别的形状。第二要考虑的因素是突出感，特别是对于货架销售，突出感更要，所谓突出感，是说隔着 5~6 米甚至 10 多米，消费者也能远远地在一堆产品中一眼看到这个产品，这就要求在外包装设计时，设计人员要去考察这个产品将来销售时是和什么样的产品摆在一起，那些产品的外形设计是什么样的，自己的设计怎样才能更有吸引力。

2. 构图

农产品外包装的图画可以理解为一个人的脸面，包括商标、图形、文字和色彩，这四个方面的组合就构成了外包装的整体效果。

商标可以称为眼睛，是外包装的心灵窗户，透过商标就能看出一个产品的内涵和企业的内涵，所以商标设计以及商标在外包装的位置很重要。商标包括文字部分、图形部分。一般来说，商标都放在外包装最显眼的地方，让消费者一眼就能看到。

农产品外包装的图形设计主要指外包装上的辅助装饰形象等。围绕商标做一下修饰，衬托出产品的内涵，以最直观的视觉方式把产品的信息传递给消费者。外包装图形设计要注意两点：第一，不能喧宾夺主，抢商标的风头；第二，要对产品的消费群体、产品的商标和同类产品的现状等诸多因素加以研究，做出自己的特色。

外包装的色彩设计也是给外包装"化妆"的一个过程。农产品的本质是"农"，这个"农"要和当地的区域民族民俗联系起来，运营民族民俗的色彩和图形去突出"农"的特征。除了符合"农"的特征外，色彩还必须能激起消费者的购买欲望，促进销售。

外包装上的文字设计包括牌号、品名、说明文字、广告文字以及生产厂家、公司或经销单位等。除了符合国家要求的标签内容外，在设计外包装时把这些作为外包装整体的一部分来考虑即可。

3. 材料

农产品外包装的材料可以理解为一个人的肌肉，农产品外包装的材料选择最主要考虑的是符合这个农产品本身的特色，最好的选择是包装材料本身也是农业的包装，如竹子、草编，这样能充分显示出农产品的"农"的特征。

(二) 农产品的外包装设计注意事项

由于农产品的特殊性，所以在设计农产品的外包装时需要注意以下一些特殊的事项。

1. 根据农产品的特性选择合适的包装材料

一般情况下，固体农产品适宜开口较大的软包装；半流体农产品大多采用软管或袋；流体农产品采用瓶、罐、盒、袋；易碎怕压的农产品应采用抗压性能好的包装；易漏农产品的包装容器应具有较好的密封结构；对于吸收异味的农产品就不能采用带气味的包装材料；多次长期使用的食用品在美观方面应比一次性商品要讲究。

2. 根据消费对象、购买用途来选择合适的包装

生活水平高的地区应采用较好的销售包装，生活水平低的地区采用普通的销售包装，用作礼品的农产品可采用精致的包装。

3. 销售包装上应该有农产品的食用方法等，便于消费者选购和使用

农产品的包装上应该尽可能写上详细的使用方法，特别是对于一些特色的农产品，消费者没见过，或者见过却不知道怎么吃，因此必须在包装上有简单的食用方法，这样消费者才有购买的欲望。同时，在农产品外包装上也要注明净重、存放条件等，便于消费者购买和使用。

第四节 农产品品牌建设

一、品牌的概念

品牌是给拥有者带来溢价、产生增值的一种无形的资产，它的载体是用于和其他竞争者的产品或劳务相区分的名称、术语、象征、记号或者设计及其组合，增值的源泉来自消费者心智中形成的关于其载体的印象。

品牌有广义和狭义之分。广义的"品牌"是具有经济价值的无形资产，用抽象化的、特有的、能识别的心智概念来表现其差异性，从而在人们的意识当中占据一定位置的综合反映。狭义的"品牌"是一种拥有对内对外两面性的"标准"或"规则"，是通过对理念、行为、视觉三方面进行标准化、规则化，使之具备特有性、价值性、长期性、认知性的一种识别系统总称。这套系统我们也称为 CIS（corporate identity system）体系。

现代营销学之父科特勒在《市场营销学》中的定义，品牌是销售者向购买者长期提供的一组特定的特点、利益和服务。

品牌承载更多的是一部分人对其产品以及服务的认可，是一种品牌商与顾客购买行为间相互磨合衍生出的产物。

二、农产品品牌形成的基础

农产品是人类赖以生存的主要商品，也是质量隐蔽性很强的商品，需要利用品牌进行产品质量特征的集中表达和保护。农产品品牌战略是通过品牌实力的积累，塑造良好的品牌形象，从而建立顾客忠诚度，形成品牌优势，再通过品牌优势的维持与强化，最终实现创立农产品品牌与发展品牌。

（1）品种不同。不同的农产品品种，其品质有很大差异，主要表现在营养、色泽、风味、香气、外观和口感上，这些直接影响消费者的需求偏好。品种间这种差异越大，就越容易使品种以品牌的形式进入市场并得到消费者认可。

（2）生产区域不同。"橘生淮南则为橘，生于淮北则为枳。"许多农产品即使种类相同，其产地不同也会形成不同特色，因为农产品的生产有最佳的区域。不同区域的地理环境、土质、温湿度、日照、土壤、气候、灌溉水质等条件的差异，都直接影响农产品品质的形成。

（3）生产方式不同。不同农产品的来源和生产方式也影响农产品的品质。野生动物和人工饲养的动物在品质、营养、口味等方面就有很大的差异；自然放养和圈养的品质差别也很大；灌溉、修剪、嫁接、生物激素等的应用，也会造成农产品品质的差异。采用有机农业方式生产的农产品品质比较好，而采用无机农业生产方式生产的农产品品质较差。

三、农产品品牌建设

农产品品牌建设是一项系统工程，一般要注重以下几个方面。

（1）农产品品牌建设内容主要包括质量满意度、价格适中度、信誉联想度和产品知名度等。质量满意度主要包括质量标志、集体标志、外观形象和口感等要素。价格适中度主要包括定价适中度、调价适中度等。信誉联想度包括信用度、联想度、企业责任感、企业家形象等要素。产品知名度则体现为提及知名度、未提及知名度、市场占有率等。

（2）农产品品牌建设是一个长期、全方位努力的过程，一般包括规划、创立、培育和扩张四个环节。品牌规划主要是通过经营环境的分析，确定产品选择，明确目标市场和品牌定位，制定品牌建设目标。品牌创立主要包括品牌识别系统设计、品牌注册、品牌产品上市和品牌文化内涵的确定等。品牌培育主要内容包括质量满意度、价格适中度、信誉联想度和产品知名度的提升。品牌扩张包括品牌保护、品牌延伸、品牌连锁经营和品牌国际化等。

四、注册商标

通过为农产品注册商标，是形成农产品品牌的最好方式。

1. 注册商标的途径

农民专业合作社对其生产、制造、加工、拣选或经销的商品或者提供的服务需要取得商标专用权的，应当依法向国家工商行政管理总局商标局（以下简称商标局）提出商标注册申请。目前，办理各种商标注册事宜有两种途径：一是直接到商标局办理；二是委托国家认可的商标代理机构代理。

直接到商标局办理的，申请人除应按规定提交相应的文件外，还应提交经办人本人的身份证复印件；委托商标代理机构办理的，申请人除应按规定提交相应文件外，还应提交委托商标代理机构办理商标注册事宜的授权委托书。合作社直接办理商标注册事宜的，应到商标局的商标注册大厅办理。商标注册手续比较繁杂。加之注册时间较长，因此合作社注册商标最好找专业的代理机构，通过专业人员指导，可以降低注册风险，提高商标注册成功率。

2. 商标注册申请所需提交的资料

商标图样，注册商标所要使用的商品或服务范围，合作社营业执照复印件。

3. 商标注册申请程序

先对商标进行查询，如果之前没有相同或近似的，申请人就可以制作申请文件，递交申请。申请递交后的 1~3 个月，商标局会发给《申请受理通知书》，此期间叫形式审查阶段。形式审查完毕后，就进入实质审查阶段，这个阶段需 1 年半左右的时间。如果实质审查合格，就进入公告程序；公告期满，无人提异议的，商标局就会核准注册，颁发《商标注册证》。

根据《中华人民共和国商标法》规定，注册商标的有效期为 10 年，自核准之日起计算。有效期期满之前 6 个月可以进行续展并缴纳续展费用，每次续展有效期仍为 10 年。续展次数不限。如果在这个期限内未提出申请的，可给予 6 个月的宽展期。若宽展期内仍未提出续展注册的，商标局将其注册商标注销并予以公告。

第九章　高素质农民成长案例

第一节　金山草莓哥——夏剑锋

"这堆草莓要打包成 20 箱，咱们得稍微再快点了。"此时是凌晨三四点钟，在上海仁生果蔬专业合作社，夏剑锋和工作人员一起把刚从大棚里采下的新鲜草莓装箱，开始一天的配送。

从 2018 年 12 月进入草莓销售旺季以来，夏剑锋几乎每天都过着起早贪黑的日子——白天，家里人忙着采摘和包装；凌晨，他和哥哥要把草莓送到市区的各个超市，确保新鲜上市。2019 年是夏剑锋自己创业的第十三个年头。他认为，虽然做农业很辛苦，但生意越来越好，日子越过越红火，吃点苦也就不算什么了。夏剑锋荣获 2018 年度"全国百名杰出新型职业农民"称号，全上海仅两名。

初尝草莓滋味

1981 年出生的夏剑锋，是金山工业区高楼村土生土长的农民子弟。当年由于较为困难的家境和对军人的向往，夏剑锋高中毕业后并没有读大学，而是选择了参军。退役后，他回到金山，在一家企业就职。然而枯燥的生活和并不能负担起家里生活的工资，夏剑锋心头涌起了"翻身致富"的梦想。

在当时，村里走农业创业之路的年轻人还不多，凭着"致富过好日子"这般单纯的目的和与生俱来不甘寂寞的个性，夏剑锋意识到，土地是农村青年改变生活的创业舞台。于是，在父母的帮助下，他回到家乡高楼村自主创业，租了40亩土地种植非洲菊。

当时的夏剑锋还只是一个农业的"门外汉"，一边学习一边实践的他，可谓尝遍了酸甜苦辣。由于种植技术的不成熟，低估田间劳作的强度以及后续销路的不稳定……最初的创业之路并不太顺利，怀揣着一腔热血的夏剑锋顿时被"泼了一盆冷水"。"那个时候为此还和家里人产生了一些矛盾，自己也开始自我怀疑。"夏剑锋说。但塞翁失马，焉知非福，通过这次与土地的亲密接触，这个愣头青创业者吸取了教训，积累了经验，磨炼了意志。所有这一切，都为其日后收获成功奠定了基础。

转机出现在2009年。一次偶然的机会，夏剑锋被"章姬"草莓独特的口味吸引，并敏锐地意识到它广阔的市场发展潜力，于是开始用心揣摩：怎么找到购买种苗渠道？怎么尝试新品种的种植？怎么进行市场营销？通过网络查找草莓的各种相关信息，他找到一家奶油草莓培育种植基地，并通过不断参观学习和思考感悟，基本掌握了种植技术。

起初，夏剑锋尝试种植 5 亩"章姬"草莓。草莓上市后，他通过各大网络平台推广自己的产品，并注册了自己的网站和微博，自称"金山草莓哥"。生逢其时，水到渠成，时髦的微博与当红的"章姬"相遇，产生了意想不到的效应，"金山草莓哥"一下子成了网红，吸引了周边很多慕名而来品尝草莓的人群。当年，5 亩草莓地销售达到 24 万元。而夏剑锋本人，也受到了镇农业技术推广站和区农业技术推广中心的关注。

赢得忠实粉丝

随着夏剑锋的草莓品牌越来越响亮，加之金山本地优质鲜果在上海市场越来越受欢迎，夏剑锋的日子忙并快乐着。

2018 年 11 月底，夏剑锋接到了"催货"电话，早有顾客等着品尝他的第一批草莓。5 年前，他与城市超市达成合作，合作社种植的草莓、西甜瓜等瓜果走进了上海多家城市超市进行代销，草莓、小皇冠西瓜、亭林雪瓜等优质农产品在城市超市赢得了一批忠实的粉丝。

合作社面向高端商超出售的草莓有两种包装，一盒 300 克的草莓售价为 45 元，个头较大，另一种包装的草莓个头较小，两盒起卖，售价同样为 45 元。"这样一方面可以给消费者更多样化的选择，另一方面我们的草莓种植也可以多样化。"说起生意经，夏剑锋头头是道。

一眼就能看出，夏剑锋的草莓具备了优质草莓该有的特征：个头饱满、色泽红润、香气扑鼻，着实惹人喜欢。在城市超市这样的中高端消费市场里，面对各种优质水果的竞争，他的草莓卖得有多好？"永新店周末人多的时候能卖掉 200 盒左右，2017 年圣诞节，打浦桥店一天就卖掉了 600 多盒。"谈到销量，夏剑锋脸上满是略带骄傲的喜色。

实际上，不仅在城市超市，汇金百货、第六百货等商超内，他的草莓也是名气响当当的人气产品。此外，他还与嘉果食品合作近 7 年，为其供应草莓等瓜果。近几年，微信朋友圈也成为他的销路之一。在整个金山，他的草莓产值名列前茅，合作社年销售额可达三四百万元。

"种"出国际视野

年近不惑，名利双收。当年为自己制定的"翻身"致富的小目标早已实现。夏剑锋又琢磨着发展更加现代、高端的草莓种植。

他去日本、荷兰参观学习后，见识到了先进的农业科技和理念。在荷兰，立架栽培的小番茄产量是传统种植模式的 3 倍。设施化种植不仅能控制温度和湿度，病虫害也少，环境也干净。虽然设施农业一次性投入较大，但建成后能缓解包括如劳动力紧缺在内的许多难题。"现在每个月人工费开销很大，工人都是 70 多岁的老人，年轻人都觉得干农业又脏又累，等他们干不动了，谁来干呢？"夏剑锋坦言，他打算升级设施设备，进一步细化管理手段。在育种方面，合作社去年也开始尝试自己育草莓苗，但传统的大地繁殖方式容易导致炭疽病。"荷兰有一种冷藏模式，将苗放在冷藏库里，在一定的温度和湿度下可保鲜一年。这种模式如果探索成功，可以让草莓全年不间断上市。"

而看似长期经营积累下来的稳定销路，实际也暗流涌动。就在 2018 年年底，城市超市打浦桥店因为一些原因突然关闭，让夏剑锋措手不及。"我们的草莓在这家超市卖得最好，占总量的 30%，损失不小。"带着一丝无奈，他正积极尝试拓宽销路，"下一步打算跟盒马鲜生谈合作，并想办法在现有的面积上提高产量。"

高楼村的市民农庄项目已经动工，建成后将把农业、旅游及文化相结合，必然能带动产品销量。同时，合作社的金山工业区草莓生产基地区域特色项目也开工在即。"今年又能'大干一番'了。"夏剑锋笑言。

成了"全国百杰"

夏剑锋的努力并未被辜负。这两年，由于在农业创业方面取得的成就，夏剑锋被列入了区农业带头人，并授予"农民土专家"的头衔。2017年，他入围金山十佳新型职业农民。"金山草莓哥"成为名副其实的致富带头人。就在2018年年底，经过层层推荐，夏剑锋荣获2018年度"全国百名杰出新型职业农民"称号。前不久，证书刚刚发下来，夏剑锋才知道自己竟然是全上海仅有的两名"百杰农民"之一。

"其实我在这批新型职业农民里并不出挑，推荐我上'全国百杰'的原因，我觉得是我的创业模式可复制性高一点。"夏剑锋说。由于创业辛苦，加上怕被市场淘汰，这两年他也曾有过急流勇退的想法。但后来，随着一次次的出国学习，在日本、荷兰等国家参观当地的现代农业后，让他真正的大开眼界。"未来的农业就应该是那样的。现在我有了新的目标，要升级现有的设备设施，向国外的先进农业靠拢。"夏剑锋说。

除了自己大力发展现代农业外，夏剑锋希望有更多年轻人也加入现代农业创业中，打破之前大家对农业"面朝黄土背朝天"的定式思维。现在，他经常无偿为周边的年轻农业创业者传授种植和销售知识，让更多人了解到现代化农业。"只有现代化农业形成一个集群，有了一定规模，我们金山整体的农业水平才会不断提升。我希望能在其中出一点点力吧。"夏剑锋说。

第二节　庄稼地里的"技术宅"——赵海

前些天，一场冬雪打断了赵海的"冬闲时光"。

　　降雪天气，菜价必有波动，外地菜进不来，正是本地菜上市的最佳时机。"大棚菜，能出尽出。"赵海闻讯而动，忙得不亦乐乎。

　　雪天出菜，赵海又多赚了"三五斗"。不过，这对他来说，仅算牛刀小试。

　　眼前这个身材魁梧的"农民兄弟"，不仅是经营的一把好手，更是一个十足的"技术宅"：您听过葡萄一年两熟吗？您见过葡萄、蔬菜立体种植，地下种菜、架上结果吗？还有"农业物联网+水肥一体化"……这些新模式、新技术让人耳目一新。

大棚充满科技范儿

　　来到伊滨经开区佃庄镇明拓现代农业公司，一边是一排排的大棚，一边是密植矮化苹果成行成畦。正值三九天，景色有些萧条，进入大棚，却是暖意如春、别有洞天。

　　沿着大棚边缘，粗壮的葡萄藤一字排开，藤条在一人高的架子上伸展缠绕、郁郁葱葱。葡萄架下，青菜绿油油、水灵灵的。

"葡萄一年两熟，分别在 6 月和春节上市；大棚菜四季种植。"赵海算了一笔账，这个占地 1 亩多的日光温室大棚每年毛收入可达 14 万元，比传统种植模式高出 30% 以上。

如此高效的种植方案，缘于土地的"精准表达"。跟着赵海的脚步，一座现代化的"小型气象站"呈现在眼前，地表和地下安装着各种传感器，监测大棚内的温度、湿度、光照等信息，即时传送至大数据中心。

智慧农业物联网系统的"搭档"是一套先进的水肥一体化系统。"过去，大水漫灌费电、费水、费人工，现在水肥一体化滴灌可实现节水电 30%、节肥 20%、节省人工 80%。"赵海对新技术带来的高效益感到满意。

返乡创业燕归巢

"跳出传统农业生产方式，高效农业生产体系的构建并非易事。"从大棚里走出来，赵海的思绪回到了过去。

43 岁的赵海出身农家。那个时代，和很多人一样，赵海期待进城当司机、干销售。他白手起家，一路打拼，也算小有成就。

这些年，经济下行压力增大，赵海也难独善其身。如何转型？经过一番思量，他选择了农业。一开始，赵海打算承包 800 亩土地，可真正干起来，才发现搞农业并非易事。

以锄草机为例，有背负式的，有后推式的，还有骑坐式的，一个个都买回来，试了个遍。"哪种最合适，这要经过实践检验。"赵海感慨。

人误地一时，地误人一年。从地租、人工、农资、水电的成本核算，到生产、管理、销售的经营链条，哪一环都不能有差池。赵海说："稍不留心，算好的利润就要受到风险的冲击。"

"农业不能大轰大嗡。"这是赵海的经验之谈。后来，他把园区规模控制在 200 亩，土地种什么、怎么种，都要讲求科学；产品怎么卖、卖给谁，都要瞄准市场。所以，园区才创出了这套"立体种植+智慧农业"的现代管理模式。

职业农民有奔头

从一个种地的门外汉，到现代农业的"技术宅"，赵海这些年的成长，离不开新型职业农民培育的深化。

"一个人走得快，一群人才能走得远。"从参加县级组织的培训，向"土专家""田秀才"们请教，到走进市级、省级课堂，赵海潜心钻研、汇集众智。不仅如此，这两年，他还花了20 多万元的差旅费，到全国各地考察学习。这一切，只为当好一个农民。

注册 4 大类商标，申报技术发明专利 3 项、计算机软件著作权 2 项，斩获全省新型职业农民创业创新技能大赛创新组一等奖……一路走来，园区从每年亏损 60 多万元到逐步扭亏为盈，到现在年净利润接近 100 万元，赵海浑身上下都浸透着泥土的味道。

"饮水思源，舍得分享。"近两年，赵海先后投入 100 多万元，在园区建设了农民田间学校和新型职业农民培育基地，分享经验，抱团发展。

如今，从市场痛点中发现机遇，赵海还牵头成立了社会化服务公司，专门为家庭农场、农民合作社、小型农业企业提供注册登记、财税记账、农机植保、农资采购等服务，让新型农业经营主体轻装上阵。

第三节　让绿色发展之路越走越宽——刘含花

齐齐哈尔市建华区星光村村民心中有这样一位"主心骨"：

低利润农产品如何转型升级？如何叫响当地绿色农产品品牌？农民创业怎样和电商有机结合？……在村里，隔三岔五就会有村民"组团"上门讨教，这位"主心骨"刘含花也总是耐心解答，她说："作为一名普通农民，我借着改革开放的东风先富了起来，我有责任让身边的乡亲们都富起来。"

刘含花1970年出生于齐齐哈尔市建华区星光村的一个农民家庭，经过在种植业和市场销售领域的多年努力和打拼，刘含花已由当年一位普普通通的农民，成长为今天的齐齐哈尔市星光蔬菜加工有限责任公司总经理。在23年的创业路上，刘含花承袭了父辈耕耘黑土地时积累下来的勤劳朴实、艰苦奋斗精神，也顺应改革开放时代大潮，在激烈竞争的商海风浪中拼搏创新。如今刘含花的公司已经成为齐齐哈尔市创业孵化基地、高校毕业生就业见习基地、电子商务人才培养实训基地、青年电商创业基地、巾帼创业基地、黑龙江省农民创业示范（实习）基地、全国巾帼现代农业科技示范基地，她本人也被授予全国"三八红旗手"、黑龙江省第三届"百名农民创业之星""黑龙江省十佳农民创业领军人物""龙江最美创业人（农民）"等荣誉称号，并当选黑龙江省十三届人大代表。

解放思想务实肯干 致富步子越迈越大

从小就为温饱发愁的刘含花知道，只顾低头干活、不顾抬头看路的农家生活方式并不是长久之计。大学毕业后，26岁的她发现身边的一些同学朋友积极参与改革，敢于走出农村闯新路。为了改变自家生活贫困的窘境，刘含花开始大胆尝试从山东贩运反季蔬菜销售。"我看到当地农民通过建设恒温保鲜库，将当地特产大蒜、蒜薹等蔬菜进行恒温保鲜储存，实现反季节、反地域上市，做到夏菜冬售，解决了蔬菜生产旺季积压伤农、淡季量少价高的问题，从而实现常年生产、均衡上市。"经过了几年的摸爬滚打，刘含花不但让自己摘掉了贫困的帽子，而且通过在齐齐哈尔与山东之间不断的往来穿梭，学会了蔬菜储藏保鲜技术，并把山东的先进技术带回了村里。2003年，通过广泛而细致的调查，并邀请专家进行项目的可行性论证，她做出了一个大胆的决定：将家乡作为创业的主战场，返乡创业，努力做本土的农民企业家。

万事开头难。企业创办之初，刘含花遇到了资金、技术、人才等方面的问题，但凭着诚信以及坚韧不拔的精神，在各级政府及相关部门的关心和有利政策支持下，她在星光村陆续建起了占地面积18.6万平方米，拥有农副产品、水产品批发市场、恒温保鲜库、低温储存库、国际商贸展销中心、蔬菜和农产品加工多个业态板块的综合农业园区，成了集当地产、储、销于一体的农副产品、水产品批发市场。"等靠好政策不行，必须在充分利用好政策的同时，自身努力奋斗，才有可能发家致富。无论是当农民还是做企业，都得解放思想，不断创新。"刘含花说。

同市场并进 与科技齐飞

时代在不断变迁，想在致富路上更长久地走下去，最为关键的还是要顺应市场，把握商机。在市场建设经营中，刘含花深深感到，蔬菜经销具有时效性和地域性，建设仓储物流设施，是提高企业效益的根本保证。为此，刘含花于2014年开始在公司陆续建设了存储量15万吨的智能冷库、恒温保鲜库和标准化仓库，在环保、节能的同时，大大提升仓储物流效率。在购置了6台冷藏配送车辆，建设了包装、加工设施等配套服务项目后，刘含花的公司形成了在齐齐哈尔市规模较大、功能齐全的物流配送中心，有效提高了市场流通效率和效益。通过冷库预冷，北菜南运销售到南方的本地蔬菜达到7万吨，通过恒温冷藏，在本地错峰销售地产蔬菜8万吨。刘含花成了圈内有名气的"蔬菜大户"。

与此同时，刘含花还抢抓中央和地方出台鼓励发展新型经营主体的相关政策，成立了齐齐哈尔市建华区红园蔬菜种植农民专业合作社，经过 5 年多的运营，目前红园合作社共有土地6 000 亩，主要种植洋葱、甘蓝、白菜、胡萝卜、马铃薯和豆角等蔬菜。合作社通过蔬菜储存，进行反季节、跨地域销售，不断拓展和开辟国内外市场，产品销往上海、北京、广州、大连以及俄罗斯、韩国等地。

"想要产业发展，抓住先进技术"是刘含花一直坚持的经营理念。"我们和东北农业大学、齐齐哈尔大学、齐齐哈尔市蔬菜研究所、齐齐哈尔市制冷协会组成产学研联合体，研究发展速冻保鲜蔬菜加工技术，实施引领带动，促进了农村三个产业快速融合发展。"

随着合作社经济的不断发展，通过与周边农户的合作，企业所在的区域逐步形成了"龙头企业+合作社+农户"的新型经营机制，从而带动周边地区的 400 多户农民种植时令绿色蔬菜，形成了良好的发展机制及管理态势，呈现出了强劲的发展势头。

线上线下结合 乘上电商快车

电子商务孕育于改革开放的沃土。刘含花自己也没想到，创业后的 20 年，自己的农产品产业借助电商的平台"火"了起来。在"互联网+""大众创业、万众创新"号召下，刘含花带领公司员工建立了绿都优品电商平台和电商园区，建设了5 800 平方米线下产品体验展销中心，为电商企业和消费者提供丰富的产品资源。同时为进入园区的电商企业免费提供工作室、会议室、培训室和财务、行政服务、政府扶持政策对接等配套公共服务。

齐齐哈尔市作为绿色食品之都，盛产的各种优质农作物是天赐的资本。目前，产品体验展销中心主要展示销售齐市七区九县的水稻、玉米、杂粮等九大类绿色有机高端农产品，还展有黑土地酒、五常绿苗大米、北大荒系列产品等省内外知名产品以及俄罗斯、韩国的进口商品，品种多达 8 000 多个。"我们这种线上线下相结合的销售模式，为电商提供了良好的生存环境和发展条件。截至目前，入园电商企业已达 40 多家，从业人员 100 多人，实现了线上销售 800 万元、线下销售 2 000 万元的可观收益。"刘含花介绍说。

砥砺前行求奋进　不忘初心守家园

刘含花说，20 多年来的摸爬滚打和艰苦奋斗，企业在不断发展日益壮大，这得益于党和国家的富民好政策，得益于各级政府和相关部门的大力支持和帮助，自己必须饮水思源，不忘初心。

园区国际商贸展销中心和果蔬农产品批发交易市场开辟了精准扶贫产品示范展销专区，刘含花特意安排了贫困村农产品入驻展销区。讷河市和盛乡农乐村等贫困村实行零成本入驻、零费用管理、零加价营销、零账期结算的超级保姆式服务，并优选贫困村原料进行精深加工玉米面条。星光农业科技园还将对入驻的贫困村产品进行"三品一标"检测、检验，实现产品深度精准扶持，大大增加贫困地区、贫困人口的持续稳定增收。

回首 20 余年创业之路，刘含花感到"酸甜苦辣"都是收获，杂陈五味酝酿着更加甜美的未来。"农村稳则天下安，农业兴则基础牢，农民富则国家盛。农民的日子想越过越顺、致富路越走越宽，就要继续把握时机、挥洒汗水、不懈奋斗，在致富和乡村振兴的道路上砥砺前行，让爱农村成为守初心的动力，让农业成为有奔头的产业，让老家成为安居乐业的家园。"刘含花对未来信心满满。

第四节　从农业能人到高素质农民——杜旭

杜旭是山东省烟台市牟平区大窑街道新福村一位土生土长的农民，近来成了村里的新闻人物。一座占地 70 余亩的标准矮化砧苹果示范园拔地而起，整地、修路、栽树、挖池塘、建大棚，每天村民都可以听到轰鸣的机器声，看到忙碌的人群。仅用一年多的时间，一片荒地已变成现代化的家庭农场，这位村民眼中的农业能人也蜕变成一名高素质农民。"我的成长离不开农广校，是农广校培养了我"，杜旭如是说。杜旭的蜕变过程也正是牟平区高素质农民培育工程的一个缩影。

善于琢磨——农民中的小发明家

杜旭是个闲不住的人，喜欢刨根问底，经常参加各种科技培训班，还自费到外地考察，结交了许多专家教授和农民土专家。他多年来致力于壁蜂应用的研究，通过对壁蜂生活习性的观察，研究发明了新型壁蜂巢，并于 2010 年获得国家实用新型专利。他设计的壁蜂巢使用方便，省时省工，成本低，一次投入多年使用，可根据果园放蜂量自由组合，预防鸟害和寄生害虫对壁蜂造成为害，1 亩可为农民节约生产成本 60~90 元。该壁蜂巢年推广应用面积 2 万余亩，年可为农民节约生产成本 120 万~180 万元。该项技术在牟平进行了广泛的推广应用，区委宣传部制作了专题片，作为农村党员远程教育资料片在全区发行。和新型壁蜂巢一样，大樱桃防雨设施、全自动喷药装置等发明，都是杜旭在生产实践中琢磨出来的，先后获得了国家发明专利，受到了农民和农业科技工作者的青睐，2013 年他被烟台市牟平区政府授予"烟台市牟平区科技能人"荣誉称号。

善于经营——农民中的能人

杜旭原来只有土地 10 余亩，且比较分散，但他深知土地的重要性，别人不种的地，他就转包过来，为使土地能成规模，他甚至用自己的好地换别人的差地。经过多年的积累，采用承包、流转、交换等多种方式，土地规模越来越大，且逐渐成方连片，土地发展成 30 余亩。发展农业需要大量的资金，通过对壁蜂多年的研究积累，2009 年他成立了烟台市牟平区福泽壁蜂专业合作社，担任理事长。小壁蜂成就了大产业，良好的信誉使他的壁蜂销往云南、新疆、北京等全国各地，每年销售壁蜂茧 1 000 万头，壁蜂巢 5 万组，年收入达到 10 余万元。为扩大自己的生产规模，每年挣的钱都投入农业中去滚动发展，经过几年的发展，原来的老果园全部改掉，新发展大樱桃 30 余亩，挖了 10 余亩的鱼塘，年收入达到 20 余万元。

善于学习——完成高素质农民的蜕变

在农业上小有成就的他，骨子里有一种不服输的性格。他常常思考，如何改变几千年来对农民的偏见，让中国的农民也像发达国家的农民一样，成为一种体面的职业？

杜旭是一个善于学习的人，乐于接受新事物，经常在电脑、手机、微信中学习新知识，同全国各地的同行和专家进行交流。2014 年，是杜旭事业上的分水岭，当年他参加了农广校组织的新型农民创业培训和新型职业农民培育培训班，以往参加的培训多是生产技能方面的知识，这次培训过程中的经营管理培训内容深深吸引了他。如何防范农业市场风险？如何销售农产品？如何创办适合自己的农业经营主体？如何才能成为一名新型职业农民？有着丰富农业实践经验的他如饥似渴地学习着，成为班里最活跃的人物。学习后，他的思路大开，马上为自己的产品注册，并在网上销售自己的苹果和大樱桃。通过学习，他知道可以利用国家的农业扶持政策实现创业，于是他成了区农广校和农业局的常客，经常去咨询农业政策方面的信息。村里有 70 余亩土地，由于承包者经营管理不善接近荒芜，得知了区里扶持矮化砧苹果栽培的政策后，通过考察确定矮化砧苹果这种栽培模式省工、省力、产量高，适合机械化管理，是苹果现代化栽培的发展方向。他果断将这块土地转包过来，建立了矮化砧标准苹果示范园，享受到区里专项扶持资金 20 余万元。利用培训期间建立的人脉关系，他还建立了 20 余亩的苗木基地，培育的优质果树苗木每年都被学员和周围群众抢购一空，年增收入 20 余万元。2014 年，他注册成立了烟台市牟平区增富山家庭农场，被烟台市政府评为"烟台乡村之星"。2017 年，他注册了"增富山"牌商标，被山东省政府评为"齐鲁乡村之星"，增富山家庭农场被评为省级示范场。作为农民创业的典型，增富山家庭农场已发展到 150 多亩，建成 70 亩现代集约式矮化苹果示范园 1 处，30 亩优质苗木繁育基地 1 处，10 亩垂钓园 1 处，5 亩荷花园 1 处，花卉大棚 1 处，蔬菜大棚 1 处，畜禽散养园 1 处，建成集种植、养殖、观光休闲、采摘、养生于一体的一处小而精的现代农业田园综合体，年收入 50 万元以上，他实现了从农业能人到高素质农民的蜕变。

致富不忘乡亲——农民致富的领路人

在原有福泽壁蜂专业合作社基础上，通过修改章程，规范运作，现合作社发展到近 200 名社员，拥有土地 520 亩，年生产优质苹果 200 万千克，樱桃 10 万千克，年产值 1 000 万元左右，年可为社员人均增加经济收入 5 000 元以上，带动了更多农民致富。同时，增富山家庭农场作为烟台市牟平区的新型职业农民实训基地，每年有 2 000 人以上的农民到这里实训，带动了更多农民致富。农业强则中国强，农民富则中国富。作为一名高素质农民，他深知责任的重大，今后要在乡村振兴的道路上，做大做强自己的产业，当好创业致富的带头人，带领更多的人走向致富路！

第五节　在乡村振兴道路上显身手——张云芳

张云芳是山东省潍坊市临朐县柳山镇后瞳村一名普通的农家妇女，2007年种植蔬菜大棚开始，她常年在大棚里劳作，多年种植经验，让张云芳深深体会到农业技术决定农民收入。经过多年学习，张云芳已成为临朐县新型职业农民创业协会秘书长、云芳果蔬种植专业合社理事长、云芳农资超市经理，在实现自身致富的同时，为农特产品企业和广大种植户提供了无私、便利、优质的服务。

学有所获，自主创业

2014年11月，一次偶然的机会，张云芳参加了临朐县的农民培训班，她说当时去参加培训只是想出去看看，但这一句看看从此改变了她的命运。12月，她参加了在淄博的农民创业培训班，课上老师传授的关于家庭农场合作社发展、食品安全以及如何高效节能环保生产农产品等先进的理念，让她更加明白了知识和眼界对于农民的重要性。张云芳不顾家人的反对，放下家里的大棚，走出家门先到山东沂山现代农业发展有限公司旗下的临朐县聚泽农产品专业合作社任理事长，一年后到供销电子商务有限公司任业务经理，在此期间好学的她一有机会就去参加县里组织的培训。

2016年春天，在一次培训中，得知政府将停止小麦供种统一采购统一供应，张云芳从中捕捉到了商机。她辞掉工作，回到柳山注册成立了云芳果蔬专业合作社，创办了云芳农资超市。在县农业局、农广校的帮助下与几家公司签订了小麦优良品种临朐总代理。为开拓市场，也为了让老百姓能够买到放心价廉的种子，2016 年夏天，张云芳开始跑种子销路，不论炎炎烈日，还是风雨交加，总能看到她穿梭在乡间小道的身影，连续三个月，逐个镇街了解情况，逐个村庄传达信息，几乎跑遍了全县所有的有小麦种植区的村庄。功夫不负有心人，夏末秋初，张云芳终于迎来了首批订单，建起了一批村庄营销网点，他用了两年时间，实现了 10 万亩小麦良种供应，品牌的优势让更多的老百姓认可，这种经营新模式，解决了农资赊销问题，收回订单款进货，解决了资金问题。农户少花钱买到了放心种子。2017 年春天她又代理了几个玉米品种。小麦种、玉米种供应 200 多个村，村级营销网点规模进一步扩大，大部分营销网点联络员都是在家里的农村妇女，帮助她们既可以照顾家庭又能得到一份收入，实现了居家就业。

成立协会，服务大家

发展农业现代化，需要一大批善于思考、有创新能力的高素质农民，2017 年 6 月，临朐县新型职业农民创业协会应运而生，协会会员 180 家，主要是全县范围内家庭农场和合作社等经营主体。张云芳被选举为协会秘书长，负责协会的日常管理服务工作。作为农民培训的受益者，她对农业知识带来的改变体会越深，就越发热衷于参加培训。为了方便随时处理协会事务，她个人出资购买了电脑、打印机等办公用品，将协会办公室设在了家里，张云芳的个人手机也成了农民的"110"——农民培训咨询热线。在推广销售种子的时候，张云芳发现很多农民只顾在一亩三分地上创造效益，对学习的认识还远远不够，就积极动员他们参加培训，学习如何节省生产成本，提高产量增加收入，品牌营销，种好地多赚钱。慢慢地，张云芳身边逐渐凝聚起了一批像她一样强烈想通过学习改变命运的农民，以协会为平台，经过培训和交流，学员们眼界大开，素质能力得到极大提升，在不同的领域和行业英姿飒爽，一展身手。

科学引领，成果丰硕

自农广校结缘以来，出色的工作给张云芳带来了莫大的荣誉，2018年，她被潍坊市农业局评为优秀学员，被山东省农业厅评为优秀典型学员。张云芳的创业故事打动了许多农民的心，他们强烈要求参加培训，为自己找到一条致富之路。2015—2018年，在她的影响下，就有近1 500人参加了各类农民培训，为临朐县培养出一大批高素质农民。

2018年6月张云芳被山东省农业厅评为山东省优秀新型职业农民，9月在被评为山东省新型职业农民乡村振兴示范站站长、山东半岛新型职业农民果树产业联盟秘书长。

第六节　植保达人——七个80后的"牛"农民

在河南省驻马店市正阳县的农田里，发生了病虫害，群众第一时间就会想到"正阳牛"植保队，他们能准确把病虫害治好，群众亲切地称他们是农田的"牛人"。

田间的困惑让他们走到一起

提及"正阳牛"植保队，不得不说一个关键人物——牛超。牛超是个80后，河南农业大学生物化学专业，毕业后在广东发展，手里有了积蓄后立志返乡创业。认准农资经营后，他在老家——慎水乡台天村当起了店长。2013年刚开始卖农药，专业没完全搞懂，引进一批花生拌种剂，本身适合夏花生拌种的，却推到了春季花生拌种，赶上了低温，花生出芽率低，农户到店闹得不可开交，很多还是亲戚，最后以每亩赔农户150元，提起这事，牛超总是后悔不已：没有专业的技术人才，病虫草害专业防治就是空谈。

谢超，80后大学生，在正阳承包了400亩耕地种田，可是那年头天气不顺，种田并不能赚钱，困惑让他不知如何选择。

2014年，牛超和谢超在河南农大的青年农民培训班上相遇了，牛超看中了谢超的种田经验，谢超看中了牛超的敢想敢干，二人一拍即合，决定一起合作，共同做好农资经营。

这一年，他们还认识了做农药推广、河南农业大学植物保护专业毕业的大学生喻鹏洋，请他当合伙人，喻鹏洋最开始没答应。牛超心想，古有三顾茅庐，我借鉴这种精神试试，一年多的走动和劝说，这个技术通，最终还是到了他的队伍里来。

牛超认为，农资市场竞争激烈，从农资市场的大环境中脱颖而出，建立农事服务运营植保队是出路。2014年8月，"正阳牛"植保队正式成立。他们邀请了正在做大型农机收割旋耕的蓝翔技校毕业生方欢加入团队，负责打药机械的研发。小团队要有大作为，就要借势发展，全国最大的综合农事服务公司——广西田园就成了他们的合作伙伴。田园公司看中了这帮有知识的团队，派出专业技术过硬的潘志斌指导。牛超又请到了专业会计，机械专业毕业的大学生加大机械研发力度。就这样一个80后的七人大学生打药队组成了。

自主研发自走式打药设备

创业起步都不简单，在"正阳牛"植保队成立初期，他们逐户发名片，宣传他们服务，效果很不理想。后来，他们决定一个村庄选择两户人家，打药不要钱，让群众看看植保效果，起步难，10亩地里7块田，他们也干。

免费打药有效果，2015年，找"正阳牛"打药的农户逐渐变多，订单能排到 5 天后。可有一次，突然的降雨，初期研发机械本身效率低，很多农户的药还没打到地里，他们也收了农户的工钱，农户不愿意，机械又下不了地，草马上就要长大，为了信誉，小伙子们背着喷雾器，光脚打了 3 天。冒着 30℃ 以上的高温，大家又都没干过这农活，打完药都病倒了。这事让他们下决心，研制出更有效率的打药机械。

经过调研，他们在山东花 8 万元买来了一台四轮打药机，可是正阳农田分散，机械转场速度太慢，根本无法实现高效作业。他们又购来了多种机械进行实验，拆装分解进行设计，可是还是不能如愿。大家一致决定放弃原来的机械设计理念，重新设计绘图，单独定制配件。他们开着货车跑河北、山东、安徽等省。一次，他们拉着采购的配件货车坏在了山东省高速公路上，打求救电话拖车，要 1 000 元，身上没有这么多钱。他们和拖车公司协商把他们拉下高速，自己想办法修车。好说歹说，500 块钱拉下高速。天黑了，睡车上，吃泡面。天亮后，自己把车修好。睡在车厢他们嘀咕，研发打药机值不值？好好卖农资，不用吃这苦。牛超给他们打气说："为了高效率的打药机，再苦也要撑下去。"

功夫不负有心人。如今，他们自主研发的高地隙三轮打药设备，远销洛阳、焦作、周口等周边地区，应邀走进郑州国际会展中心。

齐心协力创植保辉煌篇章

牛超是个懂得如何让兄弟们心往一处想的人，为了一个技术的突破，为了一个打药方案的出台，他们要协商，权衡利弊，争吵也是常事，小团队各有个性，如何把个性化成团队精神，牛超总在关键时刻把兄弟拉到一起。利润下来了，他们有考核表，依据实绩分红，让每个成员心服口服。

"正阳牛"植保队优质服务，让群众放心，他们订单不断，回报就在眼前。希望是美好的，前途是曲折的。2016年8月，牛超正和团队成员商量更高效的植保防治方案，突然接到了他母亲突发脑出血、严重昏迷的电话，医院下达病危通知单，要求马上转院。头雁的家庭突发变故，这对他们团队无疑是一个巨大的打击，作为儿子，牛超24小时陪护，作为初创团队带头人，他又要兼顾工作，不能让刚走出困境的团队迷失方向，他在医院里遥控指挥团队，团队成员也都加班加点工作，他母亲和死神擦肩而过，2016年他们的打药服务超过20万亩次。如今，"正阳牛"植保队技术已经成熟，农机研发和销售稳定，更重要的是他们人心齐，干劲足，能干事，会干事。

苦尽甘来，"正阳牛"的植保机械七个人的80后创业团队得到县里的高度认可，他们发明的植保机械正申请正阳县农机补贴目录，很快将被纳入财政补贴范围，政策支持会给他们的自主创新打下一剂强心针。

过春风十里，尽养麦青青。在正阳县230万亩的土地上，这样一只"正阳牛"植保队，总能让村民放心，排队交钱让"正阳牛"植保报备的场景已说明了一切。

村村建立植保队　破解"最后一公里"

2016年4月底，正值小麦赤霉病大暴发。一天，"正阳牛"植保队正加紧打药，快到中午，牛超发现在临近地打药的大娘不见了，他站在打药机上，看到一个人倒在地里，牛超马上带着打药工人跑过去，发现大娘背着药桶晕倒在麦地里，牛超马上打"120"急救电话，同时把大娘抬到树荫下紧急抢救。此事发生后，"正阳牛"的小伙们专门到村里调查农药使用情况，了解到村里留守妇女老人较多，对专业化的植保服务需求很大后，决定在正阳县村建立打药队，实现植保机械全县全覆盖，让每个人都能享受正阳全程机械化带来的便利和成果！

　　眼下，他们已为全县七个村的贫困户每村免费植保1 000亩，"正阳牛"提供技术支持和模式网络建设，困难家庭也能够及时、准确、高效享受服务，并以最低廉的价格使用农药。

　　如今，正阳大地已有152家"正阳牛"植保分队，327台自走式高地隙打药机械，植保无人机6架。2017年累计打药服务面积64万亩次，2018年累计打药服务面积超过115万亩次，正阳县农事植保服务平台陆地机械设备保有量和服务规模《除政府购买服务以外》初步统计在县市级别上位居河南省第一。

　　另外，环境污染也一直是牛超关心的重点，一年夏天，牛超走在池塘边，发现池塘里叫不上名的杂草丛生，河水发黑发臭，牛超突然意识到，环境污染已经严重发生在他身边。为此，正阳牛团队决定在农药监管使用、食品安全、环境污染和废弃物统一回收等方面问题上加大力度。2017年，他们正式向正阳县主管部门申请成立正阳县绿色防控植保协会。除了打药以外，他们平时积极向群众宣传诱虫灯，让群众选用优良抗病虫害小麦、花生品种，提高其自身抗病虫能力；利用"天敌"和微生物以虫治虫、以菌治虫；安装杀虫灯、使用性引诱剂等安全高效诱杀害虫；推行生物农药替代化学农药，实现低毒高效杀虫。同时，他们还注重推广高效低毒农药，向农民推广的是经过他们的"技术通"喻鹏洋做出的病虫诊断、开方，处方中的产品均来自权威机构每年发布的推荐名录，并做到一瓶一码，全程可追溯。

　　在这片中原热土上，勤奋、朴实的小伙儿们正在奋勇前行，让家乡变得更美，环境变得更好，用自己的努力，实现乡村振兴。

第七节　从老师到工人再到高素质农民
——郑洪广

　　"农产品经营者身上一定要流淌着道德的血液。"这种理念使郑洪广经营的玉渚农业的桃梨果品、种苗及农业技术培训基地在行业中享有较高的知名度。由他创建经营的位于杭州余杭区良渚街道港南村的杭州玉渚农业科技有限公司，是浙江省现代农业科技示范基地，基地被授予国家级农村科普示范基地、浙江省第一所农民田间学校。郑洪广本人也是杭州市级农村实用人才、农民高级技师，也是杭州市劳模和市人大代表。

从老师到工人再到高素质农民

郑洪广曾在杭州市余杭县良渚中、小学任代课 4 年，但因患上了严重的咽喉炎，只得无奈告别教师生涯。随后经人介绍，到大观山的杭州市种猪试验场（国营农场）工作。郑洪广在那里工作生活了 7 年，但国营农场在当时的体制守旧僵硬，郑洪广难于施展自己的抱负，1997 年，郑洪广从国营农场辞职，到浙江省农科院园艺所师从著名桃、梨育种专家胡教授学习桃、梨等果树的栽培与管理技术。3 年的求学路并不好走，因为是半路出家，郑洪广要比别人付出更多的汗水和精力。"刚开始学的时候，我总担心自己跟不上，就不停地记，有时忘了带笔记本就写在手上，吃饭时也不洗手，以防模糊看不清，晚上再挑灯整理。"为了更好地掌握技术，郑洪广还经常外出参观拜访种植基地，虚心向各地果农交朋友，学习桃、梨果苗的嫁接技术、种苗繁育的地膜覆盖技术、对某些病虫害的针对性农药使用有独到的见解和实践，听果农为他讲解，分享经验，做好笔记。每次出去走访，都能记一些实用的技术经验回来，几年下来，记的笔记本有好几本。2000 年，郑洪广学成回乡开始自主创业，从 20 亩地开始种植桃梨果树，繁育推广种苗，创办杭州玉渚农业科技有限公司。他又重新回归了早年农民的身份。自己的人生也由一名老师到工人再到一名农民。

艰苦创业　示范引领
被授予国家级农村科普示范基地

2000 年，郑洪广从农科院回到良渚镇杜甫村的家乡，用攒下仅有的 3 000 块钱积蓄承包了村里的 20 亩荒地，开始最初的创业之路。梦在前方，路在脚下。创业初期，资金不足，所有事都要郑洪广亲力亲为，因为养了鸡，大冬天在搭建的简易棚里过夜；白天要干活，有时利用晚上的时间为外地客户送种苗，数不清多少顿午饭是用早上剩下的馒头对付过去的……"从那时候开始就没有休息日的概念了，天天都在田里，习惯了歇下来反而不舒服。"这段创业回忆并没有让郑洪广觉得苦，反而觉得自己的坚持和付出都是成长的经历。郑洪广曾这样说过："如果做农业有成功的话，那一定是经营思路的创新和长年全身心的倾情投入，还需要具备一种舍得与奉献的精神。"几年后，园区也从 20 亩发展到 160 亩，并根据自身优势，经营主体也从种植示范、种苗推广发展到农业技术培训，不仅拉长了产业链，还获得了良好的经济效益。虽然是经营农业，但郑洪广很早就有了品牌的意识，早在 2003 年郑洪广就申请注册了"玉渚"（良渚玉文化的简称）牌商标，这些年"玉渚"商标逐渐成为了一个品牌。在郑洪广看来，真正要把农业做好，其实门槛很高，农业是一个复杂的综合体，做好农业不能仅靠一腔热情，更应遵循因地制宜、适度规模、做精做优的理念。现今玉渚农业已成为当地农业的一面旗帜和农业上的常青树，农业的竞争，归根结底是产业链的竞争。郑洪广说先要把园区建成农业示范平台，推广种植技术和种苗，再融合教育培训，这是他练就的一套"造血功能"，也是"玉渚农业"成为行业常青树的农业发展模式。截至目前，玉渚农业已先后被评为浙江省农村科技示范户、浙江省现代农业科技示范基地、浙江省级和国家级农村科普示范基地。

繁育推广种苗
成为杭州地区最大的桃 梨种苗推广基地

郑洪广繁育推广种苗已 20 年，还制定了余杭区级和杭州市级的农业地方标准《蜜梨种苗繁育技术规程》、余杭区级农业地方标准《桃种苗繁育技术规程》。通过与浙江省农业科学院园艺所的合作，在园区内建立了桃、梨多品种种苗繁育基地，对本地区表现优异的桃、梨品种进行快速扩繁，为杭州本地区及附近地区大量提供新品种的种苗。依托浙江省农业科学院园艺研究所强大的技术和资源优势，建成桃、梨多品种展示园与品种采穗圃、桃梨种苗圃及生产示范园共 160 余亩，年供桃、梨新优品种种苗30 万株，年推广种植面积 4 500 亩以上。自 1999 年起推广果树种苗至今，已累计推广桃、梨种植面积 60 000 余亩。郑洪广主持的示范园区也曾先后多次被评为余杭区、杭州市的种子种苗基地。郑洪广的果树种苗以品种纯度高、种苗质量优、后续技术服务好的优势，保持着良好的销售态势，如今已成为杭州地区最大的桃梨种苗推广基地。

生产与科教融合发展
被授予浙江省第一家农民田间学校

"郑老师"是郑洪广的另一重身份。"郑老师，快帮我看看，这叶片上是长什么病了吗？我该用哪种药？"在郑洪广的微信里，经常会收到果农们向他求助的信息。他说，很多果农文化水平不高，经验不足，在栽培过程中会遇到各种难题，他总尽可能地为果农讲解，帮助解决困难。为确保果农更科学地种植，郑洪广在他的农业园区里开办了农民田间学校，学校有专业的师资团队，根据季节安排课程，课程理论与实践相结合，使果农通俗易懂，掌握技术，近 20 年的栽培经验和谦逊随和的性格，让他的培训课不仅在果农圈子里受到欢迎，还让不少同行也前来学习取经。随着在行业中影响力的不断扩大，2017 年还承接了浙江省第一个新型职业农民"桃、梨果树高级研修班"，逐步形成了生产技术培训与高层次研修班相结合的培训模式。园区内建有培训教室、图书室、文化园地及科普长廊，每年培训、接待省内外果农及农技人员、在校学生 600 余人次以上，10 年来已累计培训各地果农 4 500 余人次。玉渚农业实训基地先后被授予余杭区级、杭州市级的农业实训基地；2016 年又被授予浙江省级农业实训基地（浙江省第一家"农民田间学校"）。

心怀感恩 乐于助人 回馈社会

妈妈是最美的仙桃

她永远是我心中最美的女人

妈妈盛产的是善良、节俭和勤劳

言传我一生

……

这是郑洪广写给母亲的诗，张贴在果园宣传栏的橱窗里。他赞美农业是太阳下最美的事业，他还借助自己主持的农民田间学校，倡导学员：根植于内心的修养，无须提醒的自觉，有约束的自由和为他人着想的善良。与郑洪广接触越多，越觉得他是一位善良朴实的农民，勤勤恳恳，低调执着。

郑洪广当了 15 年的余杭区政协委员，作为杭州市人大代表中的农民代表，郑洪广更关心"三农"工作。他经常呼吁能有更多有文化、有技术的人才留在农村从事农业，建议政府出台加大对大学生等农业专业人才到农村发展的鼓励政策，他关注的领域也几乎都是"乡村振兴，农村致富"，他关心的问题也都是"如何让农民过上好日子"。郑洪广曾无私地帮助过身体残疾人农民和本地很多不富裕的农民发展种植果树，免费提供技术，从不图任何的回报，只要他们有好的收成，便是他最大的欣慰。

感恩，是他做人的一种风格。2018 年的建军节前夕，正值高温天气，郑洪广主动联系杭州市余杭区双拥办，向驻守在余杭区境内的解放军现役官兵、武警部队、消防部队官兵慰问自己种的蜜梨 2 261 箱；向杭州市第一社会福利院和良渚残老院慰问 660 箱；他在自己致富的同时，总不忘回馈社会。

郑洪广 20 年耕耘农业，只有坚持，从未想过放弃，从起步时的 20 亩地的个体户到省级农业示范基地，所有的成绩与改变，离不开坚持和努力。在谈起未来和期望，郑洪广饱含深情地表示，过去自己的一路成长曾受益于政府对农业的大力培育支持，今天能以自己有限的能力服务于国家和社会是一种责任和义务。

第八节　立志改变家乡面貌的带头人——张新生

他远赴海南，潜心学习现代农业种植技术，20 余年锲而不舍，刻苦钻研农业生产管理经验。为了改变家乡面貌，他回乡创业，带动乡亲致富，致力脱贫攻坚、精准帮扶。这就是河南省信阳市潢川县金塔红种植养殖专业合作社理事长，一名新时代优秀农民的代表——张新生。

外出打工，积累经验

1975 年出生于潢川县付店镇新春村的张新生，是一名地地道道的农民。为了生活，年仅 18 岁的他外出打工，在海南三亚南繁育种基地给农业专家当学徒，挑了 3 年农家肥，打了 3 年植保药，几乎干过所有的农活。在海南打工的 20 多年时间，他不仅学会了诸多种养殖技术，还掌握了现代农业经营管理模式。从一个懵懂无知的青年，蜕变为一名具有先进知识水平的新型农民，成为远近闻名的农业种养殖"专家"。

心系家乡，返乡创业

让张新生痛心的是，家乡还是坚守着传统的农业生产方式。大多数青壮年劳力外出打工，留守的都是老人和儿童，"空心村"比比皆是，大量肥沃的土地被闲置、撂荒。

即使多年在外，故乡一直都是张新生魂牵梦绕的家园。日夜思念着贫穷的家乡，张新生想用自己学到的农业知识和管理经验彻底改变家乡的面貌。2010 年，张新生放弃在海南优厚的待遇，返乡创业成立了潢川县金塔红种植养殖专业合作社。

10 余年转瞬即逝，张新生的合作社得到了长足发展：从成立之初流转土地 420 亩发展到 2 700 亩；各类农机设备从最初的 10 余台发展到 60 余台（套）；员工从当初的 20 余人发展到今天的 50 多人。合作社紧紧围绕"依靠科技、做强、做精，打造高效的生态农业"的经营理念，因地制宜，量力而行，在滚动中发展，在探索中壮大。截至 2018 年年底，合作社经营收入突破 1 500 万元，带动 200 户农民增收，吸纳 100 余名贫困人口就近务工。

科技引领，促民致富

合作社自创立之初就高度重视科技在生产过程中的关键作用，以科技推广助推生产发展，使物理防治病虫害、测土配方施肥、生物秸秆反应堆肥技术得到普及利用，受益农民 600 余人，涌现出科技带头人 20 多人。

张新生根据合作社帮扶的 98 户贫困户的实际情况，采取"一村一品""一户一策"的思路，开展产业帮扶：对没有创业能力的贫困户，招收其进合作社打工，每年收入不低于 1 万元；对有创业能力的贫困户，进行蔬菜大棚租赁，帮助贫困户种植反季节蔬菜；对有养殖经验的贫困户，购买种牛、种羊让其养殖。

合作社对贫困农户采取统一供种供苗、统一提供农机具、统一供应农资、统一提供技术服务、统一包装、统一销售的"六统一"服务模式，资金由合作社统一垫付，待蔬菜销售后统一结算，减轻了贫困户的种植风险。

2019年年初，张新生又流转1 500亩荒地建设一个集林果生产、生态观光、休闲体验、农业科普于一体的生态农业园区。园区建成后，将大幅增加农民就业岗位和提高农民收入，为实现农业强、农村美、农民富作出新的贡献。

这就是张新生，一个会管理、懂技术、爱学习、有经验的优秀农民，一个在产业发展、精准帮扶、促民致富等方面取得成绩的先进代表。

第九节　80后庄稼汉种好"未来田"
——孙建龙

孙建龙，浙江省湖州市吴兴区八里店镇尹家圩村人，现为湖州市政协委员，"全国农机合作示范社"——湖州吴兴尹家圩粮油植保农机专业合作社社长。

初中毕业后，孙建龙就随父亲在该村承包土地种植粮食。作为"粮二代"，孙建龙在多年生产经营管理中掌握了先进的生产技术和经验。作为全国首家农民大学——湖州农民学院毕业的大学生，孙建龙能操作和简单维修合作社100多台（套）农机，早在多年前就掌握了浙江省首架无人植保机作业技术。通过自我钻研和专家指导，逐步掌握了粮油高产优质栽培技术。在合作社管理中，他创新推广"米票"，让1 400余户农民通过土地流转增收增效。同时，他充分利用合作社农机设备为周边农户提供社会化服务，最远延伸至江苏、安徽等省外。

2016年全国培育新型经营主体发展农业适度规模经营现场

会在吴兴召开，国务院副总理汪洋亲临合作社视察和指导，对合作社在生产、管理、经营等机制创新方面给予高度的赞扬和肯定，全国各地每年有 70 多批次"三农"工作者前往合作社参观学习。

年轻人有新办法

未来谁来种田？孙建龙用实绩回答了这个问题。作为一名 80 后，他如今已是合作社的负责人，仅靠 11 名社员和 8 名长年雇工，利用 100 多台（套）农机经营了 3 350 亩粮田，并带动周边农户 522 户。2016 年，合作社全年共生产 2 500 吨粮食，收入近 900 万元，实现盈余 200 万元。

"农业机械化是我们庄稼汉种田的未来方向。我坚信现代农业大有可为。"孙建龙说。通过土地流转承包下的 3 350 亩地涉及农户 1 400 余户。原本单家独户种植，每亩收益 200 多元，但通过合作社适度规模经营，产量增长、成本下降，每亩的收益达600 多元。

在当地政府的支持下，孙建龙还在当地创新推广"米票"机制，既保证农户收益，又有效盘活了土地流转。"米票"就是合作社流转的土地按每亩每年 175 千克大米的实物量标准，以"米票"形式支付土地流转费，农户凭票随时向合作社领取大米，也可折价提取现金。

通过精加工和商标注册，提档升级"一粒米"的价值。2016 年，孙建龙为合作社的大米注册了"尹农"牌商标，并采取小包装的形式，让该产品进入了市区各大超市，价格也从原来的每千克 5 元提升到 7 元。

不仅如此，孙建龙还十分注重生态循环农业模式的运用。目前，合作社与附近湖羊养殖基地达成合作，将水稻秸秆打包后用作湖羊的饲料，换来羊粪作为肥田的有机肥料，实现了"秸秆—羊粪"的循环种养模式。同时，在基地推广使用杀虫灯和生态防控技术，推动粮田的绿色生产。

年轻人有新技术

孙建龙在日常的生产管理中不断钻研农业技术。拖拉机、插秧机、收割机……合作社里100多台（套）的农机设备他都会操作，还能进行简单维修。孙建龙还是浙江省内第一位"开飞机"种田的农民，2014年，他操作飞行器进行植保作业，成为省内首次使用无人机植保。如今，合作社从育秧到播种，从管理到收割，从烘干到深加工，实现了全程机械化。

孙建龙参加了全国首家农民大学——湖州农民学院的学习培训，成为湖州市首批新兴职业农民。在不断的专业学习中，孙建龙也自创了不少粮食生产技术。他自创的农机"点播技术"使得原本每亩3.5千克的粮种使用量降到1千克左右，控制了生产成本，提升了效益。

孙建龙还十分热衷农业科技试验。在"1+1+N"的农技推广服务新模式中，孙建龙与浙江大学、省农业科学院等高校院所的专家结成对子，在合作社基地特地规划了近百亩的试验田，用于新品种试验。通过试验、观察、记录，不仅使自己掌握了第一手资料，也为湖州大面积推广优质高产水稻新品种作出了贡献。合作社目前已承接了500多个品种试验，其中孙建龙每亩900千克的高产田品种"甬优538"就出自试验田。凭借这一成果，孙建龙在湖州市百亩高产示范方竞赛中获得了冠军。

年轻人有新领域

孙建龙带领的合作社，如今已经成为当地乃至周边省份"科学种田"的榜样。在推广农机社会化服务的过程中，他和社员操作着100多台（套）的各类农机在广袤田野驰骋，为农户和种粮大户开展耕种、管理、收割等作业服务，目前已涵盖湖州市的三县一区，甚至还延伸到江苏、安徽等省外的田野，每年服务面积达到 2 万亩次。

在开展农机耕种服务的同时，孙建龙在合作社购置了 9 台烘干机和 1 套稻米加工设备，不仅提升了合作社的生产能力和抗灾能力，更是为周边农户的粮食机械化生产带来了方便。在过去，一遇阴雨天气，想晒谷的农户就犯愁。孙建龙运用社内的烘干机，为周边农户提供服务，每年承担近 3 000 亩散户的稻谷烘干服务，并对于周边贫困农户提供免费的烘干服务。

不仅如此，孙建龙还十分注重将先进农业技术在社会化服务中进行推广，极力推广"机器换人"，努力实现节本增效。"原本，光人工收割的亩均成本要 200 元，采用机械化收割后，每亩成本仅为 65 元。"在推广中，孙建龙经常会为农户算好这笔账，也让农业机械化优势不断植入大家心田。同时，孙建龙还将自己的生态农业种植技术、绿色防控技术随农机服务带到了省外。

第十节　在创业致富的道路上奋进——刘建晋

一个 2 000 多平方米的大型硬化晒粮台，像一面镜子，聚焦了原平市解村乡圪妥村林同种植专业合作社的创业故事。晾晒场上，七八位农民手挥塑制大板锹忙碌着，或将葵花盘儿不断喂入脱粒机的"大口"，或将淘汰出的碎葵片儿装入车内运走……背后是一排排新建的房舍。一位年轻的小伙子边和大伙忙碌着边说："这是我们合作社去年新建的创业基地，包括办公与培训场所……"他就是原平市林同种植专业合作社理事长——刘建晋，一位回乡创业的 80 后小伙。

情系故土　回乡创业

从小土生土长的他，亲身感受了父辈们在农村生活生产中的艰辛与不易。父辈们常常对他说，一定要勤奋读书，走出这贫瘠的小山村。脱离"面朝黄土背朝天"的生活模式，于是他的脑海里形成了远走高飞才能脱贫致富的想法。大专毕业后，他当过记者、做过生意、搞过工程……刘建晋在成长，他的社会阅历不断丰富，但他却越来越依恋和思念家乡的故土，他意识到他要做的不应该是背弃和逃离那块生他养他的热土，反之，他该用这些年的所学所知去改变和建设家乡，让家乡变美、让父老乡亲们都过上富足安康的生活成为他最大的责任和心愿。随着中央和地方政府对"三农"问题持续关注，逐年加大对农村农业的投入，在国家政策鼓励和引导下，刘建晋返回家乡，于 2010 年成立了山西省原平市林同种植专业合作社。

学以致用　务实创新

合作社成立之初只有 5 个小组成员，以玉米种植为主。但单一的种植结构和生产模式使合作社成员收入与普通农户无异。特别是 4 年后，面对玉米市场价格滑坡、种地效益甚微的严峻考验，合作社运营发展面临前所未有的困难。刘建晋开始千方百计寻找种植增效的突破口，他们试种过谷子，效益不够乐观；试过白萝卜制种，收入尚可，但面积大了弄不过来。前行的道路必定充满荆棘与坎坷，刘建晋没有气馁。2015 年，他参加了山西省现代青年农场主培训，他坚持每天听课，认真做笔记，并充分利用农民教育平台，与多名专家教授建立了良好的合作关系。这次培训让他彻底转变了发展观念，他得到了三点启示：一是不能盲目生产，必须要围绕市场需求调整种植生产结构、通过市场分析做生产决策；二是要运用良种、良法和大力推广机械化、标准化种植模式，提高农产品品质；三是要通过对农户提供种子、收购和栽培技术全程指导的方式扩大规模，带动农民发展规模经营增加收益。

培训结束后，刘建晋瞄准了老师推荐介绍的油料作物——向日葵种植，先后 3 次带领合作社成员多次到邻县及内蒙古等地参观，选中了特种食葵 SH363，并跟内蒙古三瑞农科总公司达成了引种推广的协议。他自己以每亩 500 元的土地流转价，集中规划两大片共 150 亩，带头试种。同时，请教食葵种植技术人员开展技术服务，印发千余份食葵种植技术资料，用几个月时间广泛动员宣传。功夫不负有心人，2015—2016 年，他不仅在本乡种了 1 000 亩，还在苏龙口等六七个乡镇推广了 2 000 亩。他将课堂所学到的农业技术应用到生产实践当中，不断摸索总结经验，得到老百姓的认可和信任。2016 年，原平市林同种植专业合作社的入社农户达到了 110 户，合作社注册资金 421 万元，经营耕地 3 000 余亩。

为耕者谋利　为食者健康

把自己"绑"在七乡镇农民 3 000 亩食葵种植"战车"上的刘建晋，投资 12 万余元，买回食葵专用播种机、脱粒机、大型筛选机等现代化农机具，大大提高了生产效率。同时，他把更多的时间和精力投入种植区农民的技术服务上。他说"技术是关键，只有采用标准化生产和全程控制措施才能提升农产品安全水平和市场竞争力，同时也能满足人们对安全优质品牌农产品的消费需求"。从 6 月机播技术环节，到葵花长到 40 厘米时的培土管理，到蕾期的施肥浇水，到授粉期的操作，以及吸引蜂群配合授粉，再到收获时的插盘晾晒，防止脱皮，每一步他都要开上自己的小车带上几个技术员四处奔波，现场指导。半年下来，那一片片漫山遍野金灿灿的食葵大田，成为当地诱人风景线，也是对他辛勤创业的最佳回报。

2015 年以来，建晋投资建设的 2 000 平方米大晒台和 300 平方米学习培训场所，成为林同种植专业合作社和食葵产业发展的创业基地。去年 11 月进入食葵收购季节，只见这里车来车往，机声隆隆，脱粒筛选，葵籽满场，又化作食葵标袋成墙的丰收景象。尽管头年试种，仍取得喜人的收获。大部分种植户亩均产量达 190~200 千克，最高的达到 250 千克，最低的也有 175 千克。按最低收购价 4 元计算，平均每亩产值 1 600 多元，除去投入的种子、肥料和灌溉费用，纯收入 1 200 多元，比种植玉米增收 3 倍左右。

授人以鱼　服务农民

种植食葵的成果还不是林同种植专业合作社的全部。这两年，刘建晋大力发展农机社会化服务。社里 15 户农民投资的农机队，发展到 5 台大型拖拉机，4 台精量播种机，3 台玉米收割机和机耕、旋耕、运输、整秆还田等各种农机具，年年在全乡农机化作业上大显身手。去年全市机械化整秆还田作业中，又成为一支特别能战斗的机耕队，高质量超额完成了解村乡和大牛店镇 2 万亩任务。

刘建晋觉得如果每个社员都能掌握先进种植技术，能够摸准市场的脉搏，那么他们也就都成长为真正的现代农民，林同种植专业合作社这个大家庭致富小康梦定会早日实现。为拓宽经营渠道，2016 年春季伊始，刘建晋组织林同种植专业合作社社员外出参观学习，考察市场，探索引进新型种植项目。在今年干旱无雨的严峻形势下，合作社种植的 500 余亩丘陵旱地谷子，依然取得了可喜的丰硕成绩，较往年种植玉米每亩增收 300 元。同时，合作社年初引进的白萝卜籽 1#、小粒黄也喜获丰收，与其他同值地块相比，显著增收增效超过 30%。他还带领林同种植专业合作社的社员们开辟了蔬菜新品种种植试验模块 30 个，探索实践蔬菜新品种在本地气候环境下的生存成长状态，为合作社农户的大面积种植提供成熟的栽培技术和田间管理经验。合作社还积极探索种养相结合的生态循环农业模式，推广"猪—沼—蔬菜"的新型农业可持续发展之路，将养猪产生的污水、粪便经过沼气池发酵，变废为宝，成了优质的有机肥料，为各种农业种植项目提供了生产资源。

刘建晋这样的青年农场主以实际行动践行农业供给侧结构性改革，他紧紧围绕市场需求努力发展现代农业，突破地块零散、不能连片耕作的弊端，实现种植规模化、资源集约化、农业机械化，降本增效，提高每亩单产产值的同时也获得了丰厚的利润回报。2016 年林同种植专业合作社农产品、农机服务、养殖、加工等相关产业全年累计销售收入突破 570 万元，实现利润 60 余万元，直接带动 200 余户村民受益，增产增效，家庭人均增收 4 300 元。间接拉动周边 1 000 余农户迈上新型现代化农业发展之路。

刘建晋秉着一份赤子游归的心情，在带领乡亲们创业致富的道路上奋进，"与全体社员共谋发展大计，做新时代的新农人"，这就是他———一位现代农民的中国梦。

主要参考文献

重庆市农业广播电视学校.2018.新型职业农民综合素质读本［M］.北京：中国农业大学出版社.

黄哲.2019.新型职业农民素质养成［M］.北京：团结出版社.

农业农村部科技教育司，中央农业广播电视学校.2019.2019年全国高素质农民发展报告［M］.北京：中国农业出版社.

沈琼，夏林艳.2019.新型职业农民培训读本［M］.北京：中国农业出版社.

袁海平，顾益康，李震华.2017.新型职业农民素质培育概论［M］.北京：中国林业出版社.

张勇.2019.《乡村振兴战略规划（2018—2022年）》辅导读本［M］.北京：中国计划出版社.